工业和信息化职业教育"十二五"规划教材

AutoCAD 机械制图应用教程

主　编　薛　慧

副主编　侯瑞丽　景红丽　朱利平　周　平

参　编　耿小芳　闫俊英　张　剑

主　审　潘爱民

电子工业出版社

Publishing House of Electronics Industry

北京 · BEIJING

内 容 简 介

《AutoCAD 机械制图应用教程》是结合近年来对《AutoCAD》课程体系、课程内容教学改革的成果，依据教育部有关高等职业教育文件精神和高等职业教育课程内容要体现的职业特色，即建立以服务为宗旨，以就业为导向，工学结合，"教、学、做"为一体，按项目教学法、任务引领的课程组织模式编写而成的。本教材所选实例和图例源于生产实际，着重培养学生的实际工作能力。本书根据实践的应用，设计了十个项目，分别是 AutoCAD 入门，二维平面图形的绘制，三视图的绘制，文字、表格、块，尺寸标注，零件图与装配图的绘制，布尔运算、图形查询，轴测图的绘制，三维实体的创建与编辑，图形的输入与打印输出，将知识点穿插在各项目中。本教材可作为职业院校机械、电气、焊接等相关专业的基础教材，也适合企业作为提高一线技术人员绘图技能的参考资料。

与本书配套使用的《AutoCAD 习题集》（景红芹、薛慧主编），同时出版。

未经许可，不得以任何方式复制或抄袭本书之部分或全部内容。

版权所有，侵权必究。

图书在版编目（CIP）数据

AutoCAD 机械制图应用教程 / 薛慧主编. —北京：电子工业出版社，2017.2

ISBN 978-7-121-30628-0

Ⅰ. ①A… Ⅱ. ①薛… Ⅲ. ①机械制图—AutoCAD 软件—高等职业教育—教材 Ⅳ. ①TH126

中国版本图书馆 CIP 数据核字（2016）第 304232 号

策划编辑：白　楠
责任编辑：郝黎明
印　　刷：三河市良远印务有限公司
装　　订：三河市良远印务有限公司
出版发行：电子工业出版社
　　　　　北京市海淀区万寿路 173 信箱　邮编　100036
开　　本：787×1 092　1/16　印张：17　字数：435.2 千字
版　　次：2017 年 2 月第 1 版
印　　次：2025 年 2 月第 20 次印刷
定　　价：39.50 元

凡所购买电子工业出版社图书有缺损问题，请向购买书店调换。若书店售缺，请与本社发行部联系，联系及邮购电话：（010）88254888，88258888。

质量投诉请发邮件至 zlts@phei.com.cn，盗版侵权举报请发邮件至 dbqq@phei.com.cn。

本书咨询联系方式：（010）88254592，bain@phei.com.cn。

前　言

AutoCAD 作为一种用户最多、使用最广的计算机辅助设计软件，在设计领域发挥着巨大的作用。本书根据 AutoCAD 课程的性质和教学特点，结合当前职业教育的特点及学生的基本状况，为了使读者能在短时间内掌握 AutoCAD 的基本知识和操作技能，以绘制机械图样的需要及学习机械图样的常规为基础，应用 AutoCAD 2010 的相关知识为主要内容。全书理论与实例相结合，结构紧凑，内容翔实，以实例操作为引导，将命令贯穿其中，突出实用性和可操作性。

本书采用"任务驱动式"的教学理念，将实际机械设计中的具体实例作为任务穿插在学习过程中，使读者在学习软件功能的同时，了解这些功能在实际工作中的应用。

本书解决"怎么学"及"怎么用"，强调实际技能的培养和学习。

1. 教材定位强调"以就业为导向"，紧密依托行业优势，建立产、学、研密切结合，体现"以就业为向导，以能力为本位，以学生为中心"。

2. 打破教材传统的编写模式，力求在编写风格和表达形式上有所突破，充分体现"项目导向、任务驱动"的教学理念，通过构建具体的任务作为学生学习的切入点，促使学生主动学习，从而达到"教中做、做中学、学中练"的目的。

3. 教材结构合理安排，注重知识体系有序衔接。遵循教育部对职业教育的"以应用为目的，以必须、够用为度"的原则，从实际应用的需要出发减少枯燥、实用性不强的理论灌输。

4. 配合本教材使用的《AutoCAD 习题集》同时出版，便于读者练习。

本书由郑州电力职业技术学院薛慧任主编，侯瑞丽、周平、朱利平、景红丽任副主编，耿小芳、闫俊英、张剑参与了编写。全书由薛慧统稿。

本书由郑州电力职业技术学院高级工程师潘爱民主审。本书在编写中得到了单位领导和许多教师的支持和帮助，在此表示衷心的感谢。

由于编者水平有限，书中难免有错误和不足之处，希望同行专家和读者能给予批评指正，以便改进提高。

编　者

目 录

项目一
AutoCAD 入门

 知识目标

1. 了解 AutoCAD 的概念、发展历程。
2. 掌握 AutoCAD 2010 的安装、启动和退出等。
3. 熟悉用户界面及各功能区的作用。
4. 掌握文件管理的基本操作。
5. 掌握图形单位、图形界限的设置。
6. 掌握图层的设置、管理及使用方法，熟悉绘图基本操作。
7. 掌握 AutoCAD 中有关命令的操作。

技能目标

1. 能够启动 AutoCAD 2010 绘图软件，认识 AutoCAD 2010 软件系统用户界面，能够新建、打开、保存文件。
2. 能够进行 AutoCAD 2010 图形界限与单位等绘图环境的设置。
3. 能使用 AutoCAD 中的各种方式操作命令。
4. 具备正确设置和使用对象捕捉、对象追踪、极轴追踪、栅格绘制图形的能力。
5. 能对图形文件进行有效管理。

 **了解 AutoCAD**

一、AutoCAD 简介

AutoCAD 是由美国 Autodesk 公司于 20 世纪 80 年代初为计算机上应用 CAD 技术而开发

的绘图程序软件包，经过不断完善，已经成为强有力的绘图工具，并在国际上广为流行。AutoCAD 可以绘制任意二维和三维图形，与传统的手工绘图相比，用 AutoCAD 绘图速度更快，精度更高，且便于修改，已经在航空航天、造船、建筑、机械、电子、化工、轻纺等很多领域得到了广泛的应用，并取得了丰硕的成果和巨大的经济效益。AutoCAD 具有良好的用户界面，智能化多文档设计环境。通过其交互式菜单便可以进行各种操作。AutoCAD 设计中心使得非计算机专业的工程技术人员也能够很快地学会使用，并在实践中更好地理解它的各种特性和功能，掌握它的各种应用和开发技巧，从而不断提高工作效率。

二、AutoCAD 软件的特点

（1）AutoCAD 软件具有完善的图形绘制功能。
（2）AutoCAD 软件具有强大的图形编辑功能。
（3）AutoCAD 软件可以采用多种方式进行二次开发。
（4）AutoCAD 软件可以进行多种图形格式的转换，具有较强的数据交换能力。
（5）AutoCAD 软件支持多种硬件设备。
（6）AutoCAD 软件支持多种操作平台。
（7）AutoCAD 软件具有通用性、易用性。

三、AutoCAD 的启动和退出

1．启动 AutoCAD 2010

（1）双击桌面上的 AutoCAD 2010 快捷方式图标 。
（2）执行"开始"→"程序"→"Autodesk"→"AutoCAD 2010-Simplified Chinese"→"AutoCAD 2010"命令。
（3）在"我的电脑"或"资源管理器"窗口中双击以 AutoCAD 文件格式保存的文件。
启动 AutoCAD 2010 中文版后，首先进入"初始设置"对话框，如图 1-1 所示。在该对话框中，可以根据随后的设计类型选择合适的绘图环境。用户可以单击"跳过"按钮不进行设置，也可以单击"下一页"按钮进行设置。

2．退出 AutoCAD 2010

退出 AutoCAD 2010 最常用的方法如下。
（1）单击 AutoCAD 2010 窗口标题栏最右端的"关闭"按钮 。
（2）执行"文件"→"退出"命令。
（3）在命令行中执行 EXIT 或 QUIT 命令。
使用以上方法之一调用"关闭"命令后，如果当前图形文件没有保存，系统将弹出如图 1-2 所示的对话框。在该对话框中，如需要保存修改则单击"是"按钮，否则单击"否"按钮，取消关闭操作单击"取消"按钮即可。

图 1-1 "初始设置"对话框

图 1-2 提示对话框

四、AutoCAD 2010 的工作空间

AutoCAD 2010 提供了"二维草图与注释""三维建模"和"AutoCAD 经典"三种工作空间模式。

1. 切换工作空间的方法

（1）在状态栏中单击"切换工作空间"按钮，在弹出的菜单中选择相应的命令即可，如图 1-3 所示。

（2）利用菜单栏。执行"工具"→"工作空间"命令，打开"工作空间"子菜单，选择要切换的工作空间，如图 1-4 所示。

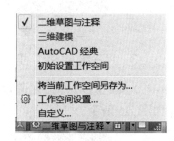

图 1-3 切换工作空间

图 1-4 "工作空间"子菜单

2. "二维草图与注释"工作空间

默认状态下，打开"二维草图与注释"工作界面，"二维草图与注释"工作界面将常用的命令集中在工作界面上方的一个功能区中，功能区包括工具选项卡与工具面板，面板由一

系列控制台构成，每一个控制台就是 1～2 个常用的工具栏，或者具有相同控制目标的图标命令组，如图 1-5 所示。

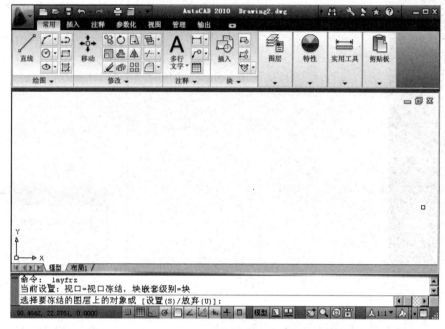

图 1-5　AutoCAD 2010 "二维草图与注释" 工作空间

3．"三维建模" 工作空间

AutoCAD 2010 "三维建模" 工作空间是进行三维建模（即三维绘图）时所用的工作界面，如图 1-6 所示。

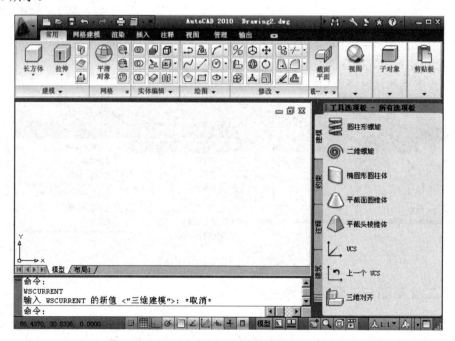

图 1-6　AutoCAD 2010 "三维建模" 工作空间

4．"AutoCAD 经典"工作空间

对于习惯于 AutoCAD 传统界面的用户来说，可以使用 "AutoCAD 经典"工作空间，其界面主要由菜单栏、工具栏、绘图区、命令行窗口和状态栏等元素组成，如图 1-7 所示。

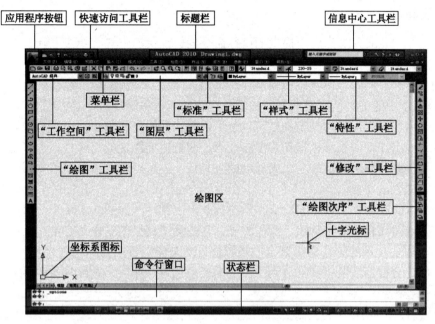

图 1-7　"AutoCAD 经典"工作空间

五、"AutoCAD 经典"工作空间界面介绍

1．标题栏

标题栏位于工作界面的顶部，用于显示当前正在运行的 AutoCAD 2010 应用程序名称和控制菜单图标及打开的文件名等信息。如果是 AutoCAD 2010 默认的图形文件，其名称为 Drawing$n$.dwg（其中，n 代表数字，如 Drawing1.dwg、Drawing2.dwg、Drawing3.dwg、…）。

单击标题栏左侧的应用程序按钮，将弹出控制菜单，可以完成最大化、还原、移动、关闭窗口等操作。

2．菜单栏

AutoCAD 2010 默认菜单栏有文件、编辑、视图、插入、格式、工具、绘图、标注、修改、参数、窗口、帮助菜单。单击菜单或按 Alt 键和菜单选项中带下画线的字母（如按 Alt+F 组合键和选择 "文件"菜单）是等效的，将打开对应的下拉菜单。下拉菜单包括了 AutoCAD 的各种操作命令。

AutoCAD 2010 菜单栏中有关选项的说明如下。

（1）菜单选项后不带任何内容符号的，单击该项可直接执行或启动该命令。

（2）菜单选项后带有黑三角符号 "▶"，表明该菜单项后面带有子菜单。

（3）菜单选项后带有省略号 "…"，选择该项后，会打开相应的对话框。

（4）菜单选项呈灰色，表明该菜单在当前状态下不可用。

（5）菜单选项后跟有组合键，表示该菜单命令可以通过按组合键来执行。

（6）菜单选项后加快捷键，表示该下拉菜单打开时，输入对应字母，即可启动该菜单命令，如单击"文件"菜单项，打开"文件"菜单后，然后按 O 键，执行"打开"命令。

3．工具栏

工具栏是 AutoCAD 为用户提供的执行命令的一种快捷方式。单击工具栏上的按钮，即可执行该按钮对应的命令。如果将鼠标指针移至工具栏按钮上停留片刻，则会显示该图标按钮对应的命令名。同时，在状态栏中将显示该图标按钮的功能说明和相应的命令名。

AutoCAD 中的工具栏可根据其所在的位置分为固定和浮动两种。固定的工具栏位于屏幕的边缘，其形状固定；浮动的工具栏可以位于屏幕中间的任何位置，可以修改其尺寸大小。用户可以将一个浮动的工具栏拖动到屏幕边缘，使之成为固定的工具栏；也可以将一个固定的工具栏拖动到屏幕中间，使之成为浮动的工具栏；还可以双击工具栏的标题栏，使之在固定和浮动状态之间切换。

"AutoCAD 经典"工作空间默认显示"标准"工具栏，如图 1-8 所示。用户可根据自己的需要打开或关闭相应的工具栏。操作方法：在任意工具栏的空白处右击，系统弹出快捷菜单，用户在需要显示的工具栏前单击，系统会自动在该工具栏前标上"√"，并弹出相应的工具栏，用户可根据需要将其拖放到绘图区的任意位置，如图 1-9 和图 1-10 所示。

图 1-8　"标准"工具栏

图 1-9　"绘图"工具栏　　　　　　　　图 1-10　"修改"工具栏

4．状态栏

状态栏位于屏幕的最底端。左侧显示的是当前十字光标在绘图区位置的坐标值。如果光标停留在工具栏或菜单栏上，则显示对应命令和功能说明。中间是绘图辅助工具的开关按钮，包括捕捉、栅格、正交、极轴追踪、对象捕捉、对象捕捉追踪、动态 UCS、DYN、线宽和模型，如图 1-11～图 1-13 所示。单击状态栏上的按钮，当其呈凹下状态时表示将此功能打开，当其呈凸起状态时表示将此功能关闭。

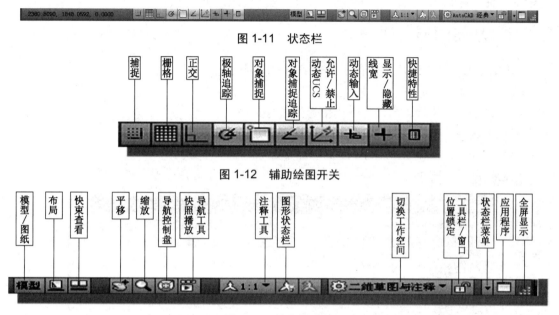

图 1-11　状态栏

图 1-12　辅助绘图开关

图 1-13　状态栏注释

5．命令行窗口

命令行位于绘图区的下方，是 AutoCAD 进行人机交互、通过键盘输入命令、绘图数据和显示相关信息与提示的区域。用户在功能区或工具栏中选择某个命令时，也会在命令行中显示提示信息，如图 1-14 所示。

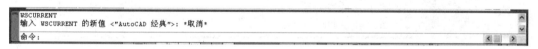

图 1-14　命令行窗口

6．绘图区

绘图区是用户的绘图工作区域，用户在这里绘制和编辑图形。AutoCAD 的绘图区实际上是无限大的，用户可以通过缩放、平移等命令在有限的屏幕范围内观察绘图区中的图形。在默认情况下，绘图区背景颜色是黑色的，有时需要更换背景颜色。操作方法如下：选择"工具"→"选项"菜单，打开"显示"选项卡。单击"颜色"按钮，弹出"图形窗口颜色"对话框，在"背景"选项区选择"二维模型空间"选项，在"界面颜色"选项区的"统一背景"颜色进行设置。然后单击"应用并关闭"按钮，返回"显示"选项卡，单击"确定"按钮。

任务二 图形文件的管理

AutoCAD 中图形文件的管理与 Windows 中其他应用程序的管理方法基本相同，包括新建图形文件、打开图形文件、保存图形文件和重命名保存图形文件等。

一、新建图形文件

"新建图形文件"即从无到有创建一个新的图形文件。

激活命令的方法如下。

（1）菜单栏：执行"文件"→"新建"命令。

（2）工具栏：在"标准"工具栏中单击"新建"按钮 □ 。

（3）命令行：在命令行中输入"NEW"或"QNEW"命令。

无论使用以上哪种方法，均会弹出如图 1-15 所示的"选择样板"对话框。

图 1-15 "选择样板"对话框

在 AutoCAD 给出的样板文件名称列表框中，选择对应的样板文件后，单击"打开"按钮，即可以相应的样板文件创建新的图形文件。如果用户有特殊要求，也可在"搜索"下拉列表框中选择相应路径，使用用户自行创建的样板文件来新建图形文件。

二、打开图形文件

"打开图形文件"即将原来已保存的图形文件打开以进行操作。

激活命令的方法如下。

（1）菜单栏：执行"文件"→"打开"命令。

（2）工具栏：在"标准"工具栏中单击"打开"按钮 。

（3）命令行：在命令行中输入"OPEN"命令。

无论使用以上哪种方法，均会弹出如图 1-16 所示的"选择文件"对话框，用户可以直接输入文件名，打开已有文件，也可在选择框中双击需打开的文件。

图 1-16 "选择文件"对话框

三、保存图形文件

"保存图形文件"即将当前的图形文件保存在磁盘中以保证数据的安全，或者便于以后再次使用。

激活命令的方法如下。

（1）菜单栏：执行"文件"→"保存"命令。

（2）工具栏：在"标准"工具栏中单击"保存"按钮 。

（3）命令行：在命令行中输入"QSAVE"命令。

（4）快捷键：按 Ctrl＋S 组合键。

若当前图形文件曾经保存过，则直接使用当前图形文件名称保存在原路径下。若当前图形文件从未保存过，则弹出如图 1-17 所示的"图形另存为"对话框。在弹出的菜单中选择"另存为"→"AutoCAD 图形"命令，将当前图形以新的名称保存。

四、重命名另存图形文件

"重命名另存图形文件"即对已保存过的当前图形文件的文件名、保存路径、文件类型进行修改。

激活命令的方法如下。

（1）菜单栏：执行"文件"→"另存为"命令。

（2）命令行：在命令行中输入"SAVEAS"或"SAVE"命令。

无论使用以上哪种方法，均会弹出如图 1-17 所示的"图形另存为"对话框。

图 1-17　"图形另存为"对话框

五、图形文件的密码保护

从 AutoCAD 2004 开始新增了图形文件密码保护的功能，可以对文件进行加密保护，更好地确保图形文件的安全。

在如图 1-17 所示的"图形另存为"对话框中，单击"工具"菜单，弹出如图 1-18 所示的下拉菜单，选择"安全选项"选项。

弹出如图 1-19 所示的"安全选项"对话框，选择"密码"选项卡，在"用于打开此图形的密码或短语"文本框中输入密码，单击"确定"按钮，打开"确认密码"对话框，并在"再次输入用于打开此图形的密码"文本框中输入确认密码，如图 1-20 所示。

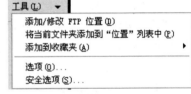

图 1-18　下拉菜单

图 1-19　"安全选项"对话框

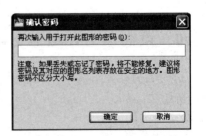

图 1-20　"确认密码"对话框

任务三 AutoCAD 有关命令操作

在 AutoCAD 系统操作时，都是通过输入不同的命令来实现的。AutoCAD 系统提供了多种命令的输入方法。

一、通过菜单栏执行命令

选择某个菜单，在下拉菜单中选择需要的命令，即可执行对应的命令。例如，选择"绘图"→"圆弧"命令，即可执行"圆弧"命令。

二、通过工具栏执行命令

在工具栏中，直接单击命令图标，即可完成命令输入，启动相应的命令。例如，单击"绘图"工具栏中的"圆弧"图标 ，即可启动"圆弧"命令。

三、通过键盘输入命令

在 AutoCAD 命令行窗口中的命令提示符"命令："后，输入命令英文名（或命令名缩写）并按 Enter 键或 Space 键以启动命令，系统会提示用户执行后续的操作。例如，在命令行窗口中输入"ARCE"或"A"命令，按 Enter 键即可启动"圆弧"命令。

四、重复执行命令

按 Enter 键或 Space 键可以快速重复执行上一条命令。在绘图区右击，在弹出的快捷菜单中选择"重复 XXX 命令"选项执行上一条命令。

五、命令的放弃

激活命令的方法如下。
（1）菜单栏：执行"编辑"→"放弃"命令。
（2）工具栏：在"标准"工具栏中单击"放弃"按钮 。
（3）命令行：在命令行中输入"undo"或"u"命令，按 Enter 键。

六、命令的重做

"重做"命令可以恢复刚执行的"放弃"命令所放弃的操作。
激活命令的方法如下。
（1）菜单栏：执行"编辑"→"重做"命令。
（2）工具栏：在"标准"工具栏中单击"重做"按钮 。
（3）命令行：在命令行中输入"redo"命令，按 Enter 键。

七、命令的终止

命令执行过程中，可通过按 Esc 键或在绘图区右击后弹出的快捷菜单中选择"取消"命令来终止命令。

任务四 AutoCAD 绘图环境的设置

在使用 AutoCAD 绘图前，经常需要对绘图环境的某些参数进行设置，以便使其更符合自己的使用习惯，从而提高绘图效率。

一、图形单位的设置

在图形中绘制的所有对象都是根据单位进行测量的。绘图前首先应确定 AutoCAD 的度量单位。

激活命令的方法如下。

（1）菜单栏：执行"格式"→"单位"命令。

（2）命令行：在命令行中输入"DDUNITS"命令。

激活命令后，打开"图形单位"对话框，如图 1-21 所示，设置绘图时使用的长度单位、角度单位，以及单位的显示格式和精度等参数。

（1）选择单位类型，确定图形输入、测量及坐标显示的值。长度选项的类型设有"分数""工程""建筑""科学""小数"5 种单位可供选择，一般情况下采用长度单位为"小数"（即十进制数），其精度为 0.00。

（2）角度单位为"十进制度数"，其精度为 0。

（3）单击"方向"按钮，系统弹出"方向控制"对话框，如图 1-22 所示。在该对话框中，可以选择基准角度，通常以"东"作为 0 度的方向。

图 1-21 "图形单位"对话框

图 1-22 "方向控制"对话框

二、图形界限的设置

图形界限就是绘图区域。现实中的图纸都有一定的规格尺寸，如 A4，为了将绘制的图纸方便地打印输出，在绘图前应设置好图形界限。在 AutoCAD 2010 中，可以在快速访问工具栏中选择"显示菜单栏"命令，在弹出的快捷菜单中选择"格式"→"图形界限"命令来设置图形界限。

激活命令的方法如下。

（1）菜单栏：执行"格式"→"图形界限"命令。

（2）命令行：在命令行中输入"LIMITS"命令。

激活命令后，命令行提示：

```
命令：-limits↙
指定左下角点或[打开(ON) / 关闭(OFF) ]〈0.00, 0.00〉：↙
                        //按 Enter 键，接受默认值，确定图幅左下角图界坐标
指定右上角点〈420.00, 297.00〉：594，420↙        //输入图幅右上角图界坐标
```

提示：在命令操作中，要用英文输入法输入坐标值。

（1）打开(ON)：打开界限检查。选择该选项，进行图形界限检查，不允许在超出图形界限的区域内绘制对象。

（2）关闭(OFF)：关闭界限检查。选择该选项，允许在超出图形界限的区域内绘制对象。

三、图层的设置

1. 图层的作用

AutoCAD 中的图层相当于完全重合在一起的透明纸，用户可以任意选择其中一个图层绘制图形，而不会受到其他图层上图形的影响。

2. 图层的设置

AutoCAD 的图层集成了颜色、线型、线宽、打印样式及状态，用户可在不同的图层中设置不同的样式以方便制图过程中对不同样式的引用，用户可以根据自己的工作需要自行设置不同的图层。

激活命令的方法如下。

（1）菜单栏：执行"格式"→"图层"命令。

（2）工具栏：单击"图层"工具栏中的图标 📚。

（3）命令行：在命令行中输入"Layer"或"LA"命令。

激活命令后，屏幕会弹出"图层特性管理器"对话框，如图 1-23 所示。系统已自动创建一个名称为 0 的图层，0 图层不能被删除。

单击"新建图层"按钮 📚，可建立新的图层。默认名称为"图层 1"，再次单击该按钮，又出现一个新的图层，名称为"图层 2"，依次可创建多个图层。用户可以使用默认的图层名，也可以为其输入新的图层名（如中心线、虚线等），设置其颜色、线型和线宽等属性。

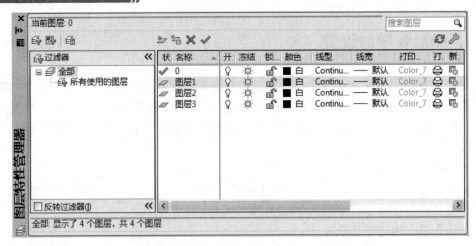

图 1-23 "图层特性管理器"对话框

3．图层颜色的设置

为便于区分图形中的元素，要为新建图层设置颜色。为此，可直接在"图层特性管理器"对话框中单击"图层"列表中该图层所在行的颜色块，此时系统将打开"选择颜色"对话框，如图 1-24 所示。单击所要选择的颜色，再单击"确定"按钮即可。

4．图层线型的设置

线型也用于区分图形中不同元素，如点画线、虚线等。默认情况下，新创建图层的线型均为实线（Continuous）。要改变线型，也可在图层列表中单击相应的线型名，如"Continuous"，系统打开"选择线型"对话框，如图 1-25 所示。如果"已加载的线型"列表中没有满意的线型，可单击"加载"按钮，打开"加载或重载线型"对话框，如图 1-26 所示。从当前线型库中选中要选择的线型，如中心线 Center、虚线 Hidden 等，单击"确定"按钮，返回到图 1-25 所示的"选择线型"对话框，再单击选中所需要的线型，单击"确定"按钮即可。

图 1-24 "选择颜色"对话框

图 1-25 "选择线型"对话框

5．图层线宽的设置

在工程图样中，不同的线型其宽度是不一样的，以此提高图形的表达能力和可识别性。设置或修改某一图层的线宽时，可在"图层"列表中单击"默认"，系统打开"线宽"

对话框，如图 1-27 所示。在"线宽"列表中进行选择。此处选择"格式"→"线宽"命令，系统打开"线宽"对话框。

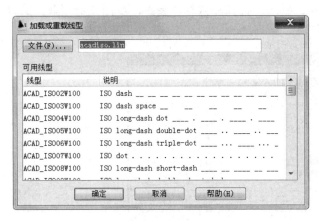

图 1-26 "加载或重载线型"对话框

图 1-27 "线宽"对话框

6. 设置图层状态

在"图层特性管理器"对话框中单击特征图标，如"打开/关闭""解冻/冻结""解锁/锁定"等可控制图层的状态。

（1）"打开/关闭" 💡：图层打开时，可显示和编辑图层上的图形对象；图层关闭时，图层上的内容全部隐藏，且不可被编辑或打印，但可重生成图形。

（2）"冻结/解冻" ☼：冻结图层时，图层上的图形对象全部隐藏，且不可被编辑或打印，也不被重生成，从而减少复杂图形的重生成时间。

（3）"加锁/解锁" 🔒：锁定图层时，图层上的内容仍然可见，并且能够捕捉或添加新对象，但不能被编辑。默认情况下，图层都是解锁的。

7. 当前图层的设置

当前图层就是绘图层，在创建的许多图层中，用户只能在当前图层上绘制图形，当前图层的层名和属性状态都显示在图层工具栏上。AutoCAD 默认 0 图层为当前图层。要将某个图层切换为当前图层，在"图层特性管理器"对话框的图层列表中选择某一图层后，单击"置为当前"图标✓，即可将该层设置为当前图层。

注意：在实际绘图时，主要是通过"图层工具栏"中的下拉列表框来实现图层切换的，这时只需选择要将其设置为当前层的图层即可，如图 1-28 所示。当前图层可以被关闭和锁定，但不能被冻结。

图 1-28 "图层工具栏"中的下拉列表框

四、系统设置

用户可以对系统进行设置，在菜单栏中执行"工具"→"选项"命令，打开如图 1-29 所示的"选项"对话框，对话框中有文件、显示、打开和保存、系统、草图等选项卡，通过对各选项卡的设置，可以改变系统参数。

图 1-29   "选项"对话框

常用的设置如下。

1. "显示"选项卡

"显示"选项卡可以设定 AutoCAD 在显示器上的显示状态，如图 1-30 所示。

图 1-30   "显示"选项卡

（1）窗口元素。用于控制绘图环境的显示设置，"颜色"按钮用于更改绘图区背景颜色。

（2）显示精度。用于控制对象的显示质量，数值越大显示对象越平滑。

（3）布局元素。在绘图区下方显示布局和模型选项卡。

（4）十字光标大小。设置十字光标的相对屏幕大小。默认为 5%，当设定为 100%时将看不到光标的端点。

其余选项可以按默认值。

2."打开和保存"选项卡

"打开和保存"选项卡控制打开和保存的一些设置，如图 1-31 所示。

图 1-31　"打开和保存"选项卡

（1）"文件保存"选项区域。

另存为：设置保存的格式。

（2）"文件安全措施"选项区域。

① 自动保存：设置是否允许自动保存。设置了自动保存，按指定的时间间隔自动执行存盘操作，避免由于意外造成过大的损失。

② 保存间隔分钟数：设置保存间隔分钟数。

（3）"文件打开"选项区域。

① 最近使用的文件数：设置列出最近打开文件的数目。

② 在标题中显示完整路径：设置是否在标题栏中显示完整的路径。

3."系统"选项卡

"系统"选项卡可以设置诸如是否"允许长符号名"、是否在"用户输入内容出错时进行声音提示"、是否"在图形文件中保存链接索引"、设置三维性能、指定当前系统定点设备等，如图 1-32 所示。

图 1-32　"系统"选项卡

五、绘图辅助工具的设定

绘图辅助工具如图 1-33 所示。

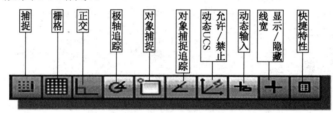

图 1-33　绘图辅助工具

1．捕捉与栅格

"栅格"是由许多点组成的矩形，类似于坐标纸，可以提供直观的距离和位置参照。栅格点仅仅是一种视觉工具，在图形输出时并不输出栅格点。

"栅格"的显示方法是：单击状态栏中的"栅格"按钮，若工作空间中显示出栅格点，即为打开；再次单击该按钮，栅格消失，即为关闭。

为使栅格点的分布更合理，用户可以对栅格间距值、旋转角进行设置。设置的方法是：右击状态栏中的"栅格"按钮，在弹出的快捷菜单中，选择"设置"命令，打开"草图设置"对话框，如图 1-34 所示。

"捕捉"用于控制光标按照用户定义的间距移动，有助于使用光标来精确地定位点。"捕捉"的开启与"栅格"相似。

2．正交

打开正交模式，意味着用户只能画水平或垂直线。当光标在线段的终点方向时，只需输入线段的长度即可精确绘制水平线段或垂直线段。可通过单击状态栏中的"正交"按钮、使用"ORTHO"命令、按 F8 键打开或关闭正交模式。

图 1-34 "草图设置"对话框

3. 对象捕捉

画图时经常要用到一些特殊点，如端点、圆心、中点、切点等。利用"对象捕捉"功能可以迅速、准确地捕捉这些点。

激活对象捕捉有临时对象捕捉和自动对象捕捉两种模式。

（1）临时对象捕捉。临时对象捕捉是一种暂时的、单一的捕捉模式，每一次操作可以捕捉到一个特殊点，操作后功能关闭。

打开方法如下。

① 工具栏：单击"对象捕捉"工具栏上的各捕捉按钮，如图 1-35 所示。

图 1-35 "对象捕捉"工具栏

② 命令行：在命令行输入捕捉类型的前三个字母。

③ 快捷菜单：在绘图区，按 Shift+鼠标右键即可弹出"对象捕捉"快捷菜单，如图 1-36 所示。

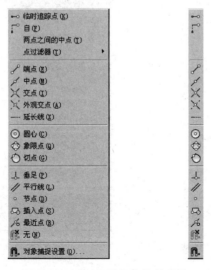

图 1-36 "对象捕捉"快捷菜单

"临时追踪点"按钮 ⊷：用于第一点的追踪，即绘图命令中第一点不直接画出的情况。

"自"按钮 ⌐：用于非第一点的追踪，即绘图命令中第一点或前几点已经画出，后边的点没有直接给尺寸，需要按参考点画出的情况。

"端点"按钮 ⌐：捕捉直线段或圆弧等实体的端点。

"中点"按钮 ⌐：捕捉直线段或圆弧等实体的中点。

"交点"按钮 ✕：捕捉直线段、圆弧、圆等实体之间的交点。

"外观交点"按钮 ✕：捕捉二维图形中看上去是交点，而在三维图形中并不相交的点。

"延长线"按钮 ┈：捕捉实体延长线上的点，应先捕捉该实体上的某端点再延伸。

"圆心"按钮 ◎：捕捉圆或圆弧的圆心。

"象限点"按钮 ◈：捕捉圆上 0°、90°、180°、270° 位置上的点或椭圆与长短轴相交的点。

"切点"按钮 ⊖：捕捉所画线段与圆或圆弧的切点。

"垂足"按钮 ⊥：捕捉所画线段与某直线段、圆、圆弧或其延长线垂直的点。

"平行线"按钮 ∥：捕捉与某线平行的点，不能捕捉绘制实体的起点。

"节点"按钮 ○：捕捉由 POINT 等命令绘制的点。

"插入点"按钮 ⊟：捕捉图块的插入点。

"最近点"按钮 ⊿：捕捉直线、圆、圆弧等实体上最靠近光标方框中心的点。

"无"按钮 ⊠：关闭单一对象捕捉方式。

"对象捕捉设置"按钮 ⊓：设置执行对象捕捉模式。

（2）自动对象捕捉。如图 1-37 所示，设置为自动捕捉方式后，绘图中一直保持着对象捕捉状态，直至下次取消该功能为止。

自动对象捕捉可通过单击状态栏上的"对象捕捉"按钮 ⊡ 来打开或关闭。自动捕捉模式需通过对话框进行设置，右击状态栏中的"对象捕捉"按钮，在弹出的快捷菜单中，选择"设置"选项，弹出"草图设置"对话框，在"对象捕捉"选项卡中，选中"启用对象捕捉"复选框，如图 1-38 所示，然后选中所需对象捕捉模式的复选框，单击"确定"按钮即可完成。

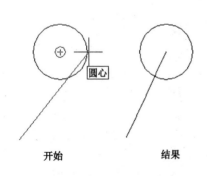

图 1-37 "自动对象捕捉"功能

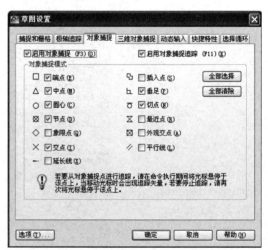

图 1-38 "对象捕捉"选项卡

4. 对象捕捉追踪

如图 1-39 所示，使用对象捕捉追踪，可以捕捉到特殊位置的点作为基点，按指定的极轴角或极轴角的倍数对齐要指定的路径，使用该功能必须先启用对象捕捉命令。可通过单击状态栏上的"对象捕捉追踪"按钮 ∠ 来打开或关闭该功能。

右击状态栏中的"对象捕捉追踪"按钮，选择"设置"命令，打开"草图设置"对话框，在"对象捕捉"选项卡中，选中"启用对象捕捉追踪"复选框，如图 1-38 所示。

5. 极轴追踪

如图 1-40 所示，极轴追踪是在系统要求指定一个点时，按预先设置的角度增量显示一条无限长的辅助线，沿这条辅助线用户可以快速、方便地追踪到所需特征点。可通过单击状态栏上的"极轴追踪"按钮 ᘓ 来打开或关闭该功能。

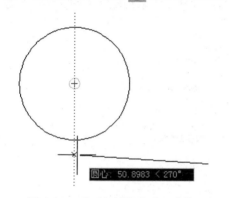

图 1-39 "对象捕捉追踪"功能

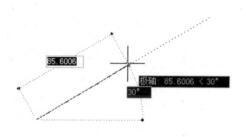

图 1-40 "极轴追踪"功能

系统默认的极轴追踪角为 90°，用户可根据需要自行设置极轴追踪角。在"草图设置"设置对话框中选择"极轴追踪"选项卡，如图 1-41 所示。

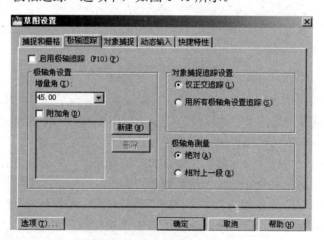

图 1-41 "极轴追踪"选项卡

"极轴追踪"选项卡各选项功能如下。

"启用极轴追踪"复选框：打开或关闭极轴追踪功能。按 F10 功能键打开或关闭极轴追踪功能更方便、更快捷。

"增量角"下拉列表：用于选择极轴夹角的递增值，当极轴夹角为该值倍数时，都将显示辅助线。

"附加角"复选框：当"增量角"下拉列表中的角不能满足需要时，先选中该复选框，然后单击"新建"按钮增加特殊的极轴夹角。

6. 允许/禁止动态 UCS

使用动态 UCS 功能，可以在创建对象时使 UCS 的 *XY* 平面自动与实体模型上的平面临时对齐。

7."DYN"动态输入

如图 1-42 所示，使用动态输入功能，系统在绘图区的光标附近提供一个命令提示和输入界面，用户可以直观地了解命令执行的有关信息，并可直接动态地输入各种参数，"动态输入"示例如图 1-43 所示。

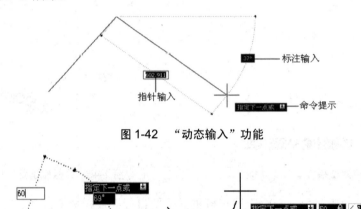

图 1-42　"动态输入"功能

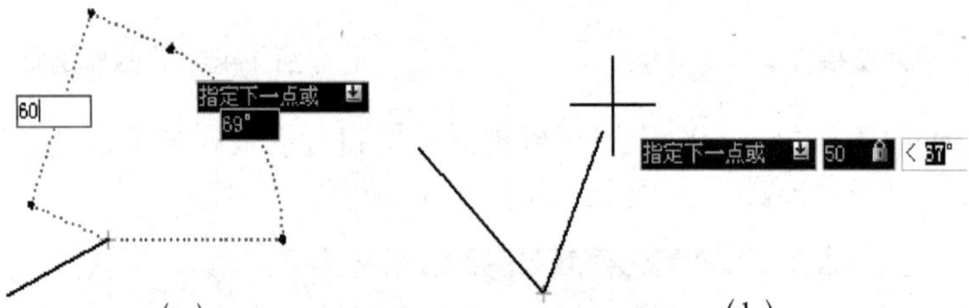

（a）　　　　　　　　　　　　　　　　　（b）

图 1-43　"动态输入"示例

单击状态栏上的"动态输入"按钮，可以控制其打开或关闭，右击"动态输入"按钮，在弹出的快捷菜单中选择"设置"命令，打开如图 1-34 所示的"草图设置"对话框，可对"动态输入"选项卡中的"指针输入"和"标注输入"进行设置。

（1）指针输入。启用指针输入后，当命令提示输入点时，可以在光标旁边的提示栏中直接输入坐标值，而不用在命令行上输入坐标值。

在如图 1-44 所示的"草图设置"对话框的"动态输入"选项卡中，选中"启用指针输入"复选框，启用指针输入功能。单击指针输入下方的"设置"按钮，可在"指针输入设置"对话框（图 1-45）中设置指针的格式和可见性。

选中如图 1-44 所示的"动态提示"选项区中的"在十字光标附近显示命令提示和命令输入"复选框，可以在光标附近显示命令提示。

（2）标注输入。启用标注输入后，当命令提示输入第二个点或距离时，将在光标旁边以标注尺寸的形式显示距离上一点的距离值与角度值，可以在提示中直接输入需要的值，而不用在命令行上输入。

图 1-44   "动态输入"选项卡

如图 1-44 所示，选中"可能时启用标注输入"复选框即可启用标注输入功能。在该区域单击"设置"按钮，可在打开的"标注输入的设置"对话框中设置标注的可见性，如图 1-46 所示。如果同时打开指针输入和标注输入，则标注输入在可用时将取代指针输入。

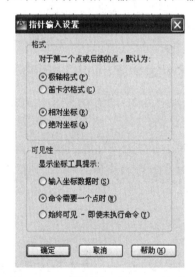

图 1-45   "指针输入设置"对话框

图 1-46   "标注输入的设置"对话框

8．显示/隐藏线宽

用户可在画图时直接为所画的对象指定其宽度或在图层中设定其宽度。线宽显示开关可以通过在状态栏单击或右击后选择"开/关"命令或通过"线宽设置"对话框来控制。当某对象被设定了线宽，同时该开关又打开时，一般在屏幕上显示其宽度。

项目二
二维平面图形的绘制

 知识目标

1. 掌握绝对直角坐标系、相对直角坐标系、绝对极坐标、相对极坐标的定义及应用。
2. 掌握图形的显示方法、图形缩放和平移的应用。
3. 掌握对象的选择方法。
4. 掌握圆、偏移、修剪、夹点编辑命令的应用。
5. 掌握正多边形、分解、圆角、删除命令的应用。
6. 掌握矩形、椭圆、圆环命令的应用。
7. 掌握移动、延伸、镜像、倒角、拉长命令的应用。
8. 掌握多段线、圆弧、样条曲线、阵列、旋转、对齐命令的应用。
9. 掌握二维图形的基本绘制和编辑方法。

 技能目标

1. 能利用绝对直角坐标系、相对直角坐标系、绝对极坐标、相对极坐标精确绘图。
2. 能对图形进行缩放和平移，会正确的选择对象。
3. 能使用各种绘图和编辑命令绘制二维图形。
4. 能根据图形特点灵活应用各种方法，快速、高效地绘制图形。

任务一 绘制简单直线图形

图 2-1 所示为一个简单直线图形，通过本例将学习"直线"、"点坐标的输入"、"视图缩

放"、"图形平移"、"重画与重生成"、"对象选择"等命令。

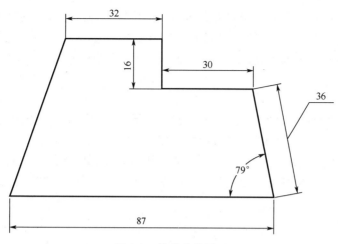

图 2-1　简单直线图形

一、AutoCAD 坐标和数据的输入方式

1. 坐标系

AutoCAD 中有两种坐标系：世界坐标系（WCS）和用户坐标系（UCS）。AutoCAD 的默认坐标系是世界坐标系（WCS）。

2. AutoCAD 的坐标

用户在绘图的时候，需要对点的坐标进行输入，在 AutoCAD 中，用户输入点的坐标时可以根据不同的已知条件采用不同的坐标输入方式。

二、点坐标的输入

输入某个点的坐标可用不同的方式输入。

1. 绝对直角坐标

直接输入 X，Y 坐标值或 X，Y，Z 坐标值（如果是绘制平面图形，Z 坐标默认为 0，可以不输入），表示相对于当前坐标原点的坐标值，各数之间用英文逗号","隔开。例如，某点的 X 轴坐标为 2、Y 轴坐标为 3，则该点的绝对直角坐标输入格式为：（2,3），如图 2-2 所示。

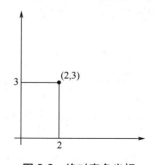

图 2-2　绝对直角坐标

2．相对直角坐标

用相对于上一已知点之间的绝对直角坐标值的增量来确定输入点的位置。输入 X，Y 偏移量时，在前面必须加"@"，输入格式为："@X,Y"。例如，已知前一点的坐标为（2,3），如果在点输入提示时，输入"@2,2"，则等于输入该点的绝对坐标为（4,5），如图 2-3 所示。

3．绝对极坐标

极坐标是通过输入某点距当前坐标系原点的距离及它在 XOY 平面中该点和坐标原点的连线与 X 轴正向的夹角来确定该点的位置，直接输入"长度＜角度"。这里长度是指该点与坐标原点的距离，角度是指该点与坐标原点的连线与 X 轴正向之间的夹角，逆时针为正，顺时针为负。例如，某点与原点的距离为 5、与 X 轴的正向夹角为 30°，则该点的绝对极坐标的输入格式为"5＜30"，如图 2-4 所示。

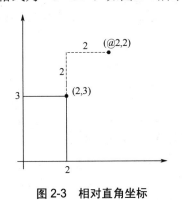

图 2-3　相对直角坐标　　　　　　　　　　图 2-4　绝对极坐标

4．相对极坐标

用相对于上一已知点之间的距离和与上一已知点的连线与 X 轴正向之间的夹角来确定输入点的位置。输入格式为"@长度＜角度"。例如，已知当前点与前一点的距离为 3，当前点和前一点的连线与 X 轴的正向夹角为 80°，则该点的极坐标的输入格式为"@3＜80"，如图 2-5 所示。

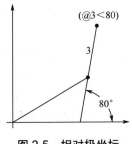

图 2-5　相对极坐标

三、视图缩放

"缩放"命令可以增大或减少图形在视窗中显示的比例，既能清楚地观察和处理图形的局部细节，又能总览图形的布局和整体结构，达到理想的视觉效果，却不改变图形对象的实际大小和位置。

激活命令的方法如下。

（1）菜单栏：执行"视图"→"缩放"命令，在出现的"缩放"子菜单中选择相应的命令，如图 2-6 所示。

（2）工具栏：单击"缩放"工具栏中相应按钮或在"标准"工具栏中选择相应按钮，如图 2-7 所示。

（3）命令行：在命令行中输入"ZOOM"或"Z"命令，按 Enter 键。

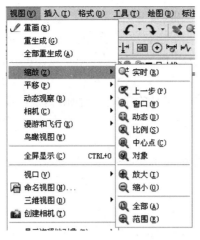

图 2-6 "缩放"子菜单

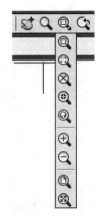

（a）"缩放"工具栏   （b）"标准"工具栏中相应的图标

图 2-7 "缩放"工具栏

激活命令后，命令行提示：

命令：-z ✓   //启动命令
  指定窗口角点，输入比例因子（nX 或 nXP），或[全部(A)/中心(C)/动态(D)/范围(E)/上一个(P)/比例(S)/窗口(W) /对象(O)] <实时>：   //输入相应字母，执行相应命令

各选项功能如下。

（1）指定窗口角点：该命令允许用户以输入一个矩形窗口的两个对角点的方式来确定要观察的区域，这两个点的指定既可通过键盘输入也可用光标拾取。

（2）输入比例因子（nX 或 nXP）：按照一定的比例来进行缩放。也可以通过输入"S"命令来执行。

（3）全部（A）：在当前视口中显示整个图形。

（4）中心（C）：指定一中心点，将该点作为视口中图形显示的中心。

（5）动态（D）：动态显示图形。该选项集成了平移（PAN）命令和显示缩放（ZOOM）命令中的"全部（A）"和"窗口（W）"功能。当使用该选项时，系统显示一平移观察框，可以拖动它到适当的位置并单击，此时出现一个向右的箭头，可以调整观察框的大小。

（6）范围（E）：将图形在当前视口中最大限度地显示。

（7）上一个（P）：恢复上一个视口内显示的图形，最多可以恢复 10 个图形显示。

（8）比例（S）：根据输入的比例显示图形，对模型空间，比例系数后加上"X"，对于图纸空间，比例系数后加上"XP"。

（9）窗口（W）：缩放由两点定义的窗口范围内的图形到整个视口范围。

（10）对象（O）：缩放以便尽可能大地显示一个或多个选定的对象并使其位于绘图区域的中心。

（11）<实时>：在提示后直接按 Enter 键，进入实时缩放状态。

四、图形的平移

由于屏幕的大小是有限的，在 AutoCAD 中绘图时，如果图形比较大，必然会有部分内容无法显示在屏幕内。如果想查看处在屏幕外的图形，就可以使用平移命令。

激活命令的方法如下。

（1）菜单栏：执行"视图"→"平移"命令，在出现的"平移"子菜单中选择相应的选项，如图 2-8 所示。

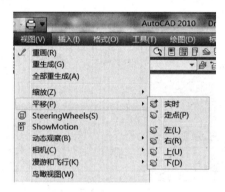

图 2-8   "平移"子菜单

（2）工具栏：单击"标准"工具栏中的 图标。

（3）命令行：在命令行输入"PAN"或"P"命令，按 Enter 键。

激活命令后，十字光标变换成小手图形，按住鼠标左键，则可上、下、左、右拖动鼠标指针，带动视图上、下、左、右移动，这是平移命令默认的实时平移。单击鼠标右键，在弹出的快捷菜单中选择"退出"选项，或者在命令行输入"Esc"或者按 Enter 键，结束视图的平移操作。

五、鸟瞰视图

鸟瞰视图又称为鹰眼视图，就像在空中俯视整个图形一样，可以方便地执行视图缩放和视图平移，同时又可以掌握当前显示的部分图形在整个图形中的位置，如图 2-9 所示。

激活命令的方法如下。

（1）菜单栏：执行"视图"→"鸟瞰视图"命令。

（2）命令行：在命令行中输入"DSVIEWER"或"AV"命令，按 Enter 键。

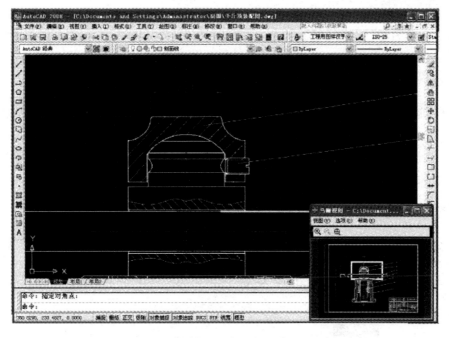

图 2-9 "鸟瞰视图"与"视图窗口"示例

激活命令后，在屏幕上弹出"鸟瞰视图"窗口，如图 2-10 所示，在"鸟瞰视图"窗口单击，将显示一个视图框，此时直接移动鼠标指针可移动视图框的位置，从而平移图形；若单击后移动鼠标指针可调整视图框的大小，从而缩放图形。

六、重画与重生成

在绘图过程中，有时会在屏幕上留下一些"痕迹"。为了消除这些"痕迹"，又不影响图形的正常观察，可以执行"重画"命令。

图 2-10 "鸟瞰视图"窗口

激活命令的方法如下。

（1）菜单栏：执行"视图"→"重画"命令。

（2）命令行：在命令行输入"REDRAW"或"REDRAWALI"（刷新全部视窗内的图形）命令，按 Enter 键。

重生成同样可以刷新视口，但和重画的区别在于刷新的速度不同。重生成是 AutoCAD 重新计算图形数据后在屏幕上显示结果，所以速度较慢。

激活命令的方法如下。

（1）菜单栏：执行"视图"→"重生成"命令。

（2）命令行：在命令行输入"REGEN"或"REGENALL"（重新生成所有视窗内的图形）命令，按 Enter 键。

七、对象的选择

要对绘制的图形进行编辑，首先必须选择要编辑的图形对象然后才能进行编辑操作。在执行某编辑命令过程中，命令行出现"选择对象:"的提示，被选中的图形对象将用虚线显示，选择了图形对象后，命令行将反复出现"选择对象:"的提示，可以继续选择图形对象，直到按 Enter 键结束图形对象的选择，而这些被选择的图形对象也就构成了选择集。在命令行出现"选择对象:"的提示时，十字光标将变成一个小方块。下面介绍几种常用的方法。

1. 点选方式

用户可以一个个地单击要选择的目标，该对象即被选中，选择的目标将逐个地添加到选择集中；而被选中的图形对象以虚线高亮显示，按 Enter 键结束对象的选择。这是系统默认的选择对象的方法。

2. 窗口方式

如果有较多的对象需要选择，可以使用窗口方式，这种方式通过指定两个角点确定一个矩形窗口，完全包含在窗口内的对象将被选中，而与窗口相交的对象不会被选中。在操作时，应先拾取左上角点，再拾取右下角点。使用"窗口方式"选择时选中的区域用蓝色表示，如图 2-11 所示。

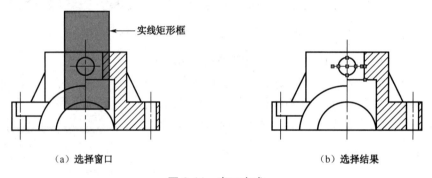

（a）选择窗口 　　　　　　　　　　　　　　　　（b）选择结果

图 2-11　窗口方式

3. 窗交方式

窗交方式的操作方式与窗口方式类似。不同之处在于，在窗交方式下，完全包含在窗口中的对象和与窗口相交的对象都会被选中。操作时应先拾取右下角点，再拾取左上角点。使用"窗交方式"选择时选中的区域用绿色表示，如图 2-12 所示。

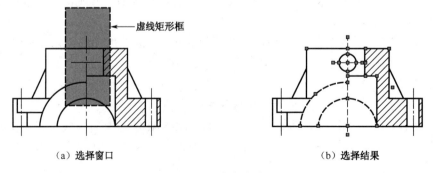

（a）选择窗口 　　　　　　　　　　　　　　　　（b）选择结果

图 2-12　窗交方式

4．全选方式

使用全选方式可以将图形中除冻结、锁定图层上的所有对象选中。命令行提示"选择对象："时，输入"all"命令，按 Enter 键。

八、"直线"命令

直线可以是一条线段，也可以是一系列相连的线段，但每条线段都是独立的直线对象。激活命令的方法如下。

（1）菜单栏：执行"绘图"→"直线"命令。

（2）工具栏：在"绘图"工具栏中单击"直线"图标 ╱ 。

（3）命令行：在命令行中输入"LINE"或"L"命令，按 Enter 键。

激活命令后，命令行提示：

> 命令：-line 指定第一点：
>
> 指定下一点或[放弃(U)]：
>
> 指定下一点或 [闭合(C)/放弃(U)]：

各选项功能如下。

闭合：以第一条线段的起始点作为最后一条线段的端点，形成一个闭合的线段环。

放弃：删除直线序列中最近绘制的线段。

九、任务实施

1．创建图形文件

利用"新建"命令，创建一个新的图形文件。

2．设置绘图环境

（1）设置图形界限。选择"格式"→"图形界限"菜单，根据图形尺寸，将图形界限设置为 297×210。

（2）打开栅格，显示图形界限。

（3）打开图层管理器，创建图层，设置各个图层的属性。

（4）右击状态栏中的"对象捕捉"按钮，在弹出的快捷菜单中选择"设置"选项，弹出"草图设置"对话框。在"对象捕捉"选项卡中，选中"端点""交点"复选框，单击"确定"按钮。设置捕捉模式为"端点""交点"。为提高绘图速度，最好同时选中"启用对象捕捉""启用对象捕捉追踪"和"启用极轴追踪"复选框。

3．绘制图形

将"粗实线"设为当前图层，调用"直线"命令，命令行提示：

> 命令：_line 系统提示：
>
> 指定第一点：//在屏幕的适当位置单击，指定直线的起点
>
> 指定下一点或[放弃(U)]：
>
> //直接输入相对坐标（@87，0）或鼠标指针向右移动，当极轴亮起时输入 87，按 Enter 键
>
> 指定下一点或[放弃(U)]：

//输入相对极坐标(@36<101°)，按 Enter 键

指定下一点或[闭合(C)/放弃(U)]:

//输入相对坐标（@-30，0）或鼠标指针向左移动，当极轴亮起时输入-30，按 Enter 键

指定下一点或[闭合(C)/放弃(U)]:

//输入相对坐标（@0，16）或鼠标指针向上移动，当极轴亮起时输入16，按 Enter 键

指定下一点或[闭合(C)/放弃(U)]:

//用给定距离方法绘制，鼠标指针向左移动，当极轴亮起时输入32，按 Enter 键

指定下一点或[闭合(C)/放弃(U)]:

//输入C，按 Enter 键，自动封闭并退出命令，也可使用"对象捕捉"命令绘制直线，将鼠标指针移动到第一点附近，在出现一个被称为拾取框的矩形框后，单击即可将第一点捕捉作为直线最后一条线段的终点，至此图形绘制完毕

绘制完毕的图形如图 2-1 所示。

4．保存图形文件

在"标准"工具栏中单击"保存"按钮，保存图形文件。

任务二 绘制平面图形（一）

绘制平面图形（尤其是复杂图形）时，一般都遵循以下步骤：首先分析图形的构成；其次确定图形定位基准线（基准线是标注图形元素定位尺寸的基准，一般是指图形的对称线，以及圆中心线、圆心、重要的轮廓线等）。确定已知线段（是指由图形中的尺寸就能确定其形状和位置的线段）。确定中间线段（是指图形中的定形尺寸齐全，但定位尺寸不全，画图时两端都要借助它与相邻已知线段相切或相交的关系才能画出的线段）。最后确定连接线段（是指图形上只给出定形尺寸，而无定位尺寸，画图时两端都要借助它与相邻线段相切的关系才能画出的线段）。

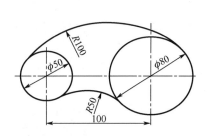

图 2-13　简单平面图形绘制（一）

绘制如图 2-13 所示的平面图形。通过本例学习"圆"命令、"偏移"命令、"修剪"命令、"夹点编辑"的使用方法。

一、"圆"命令

AutoCAD 2010 提供了多种画圆的方法，其中包括以圆心、半（直）径画圆；以两点方式画圆；以三点方式画圆；以相切、相切、半径画圆；以相切、相切、相切画圆，如图 2-14 所示。

（a）圆心、半径

（b）圆心、直径

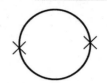
（c）两点

（d）三点

（e）切点、切点、半径

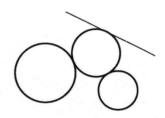
（f）切点、切点、切点

图 2-14 绘制圆的方法

激活命令的方法如下。

（1）菜单栏：执行"绘图"→"圆"命令。

（2）工具栏：在"绘图"工具栏中单击"绘图"图标 ⌀。

（3）命令行：在命令行中输入"CIRCLE"或"C"命令，按 Enter 键。

激活命令后，命令行提示：

> 命令：_circle
> 指定圆的圆心或［三点（3P）/两点（2P）/切点、切点、半径（T）］：
> 指定圆的半经或［直径（D）］：

各选项功能如下。

（1）圆心、半径（R）：给定圆心、半径画圆。

（2）圆心、直径(D)：给定圆心、直径画圆。

（3）两点（2P）：给定圆的直径上两个端点画圆。

（4）三点（3P）：给定圆的任意三点画圆。

（5）切点、切点、半径（T）：给定与圆相切的两个对象和圆的半径画圆。

（6）切点、切点、切点（A）：给定与圆相切的三个对象画圆。

二、"偏移"命令

利用"偏移（OFFSET）"命令，可以创建一个与选择对象形状相同、等距的平行直线、平行曲线和同心椭圆，如图 2-15 所示。

激活命令的方法如下。

（1）菜单栏：执行"修改"→"偏移"命令。

（2）工具栏：在"修改"工具栏中单击"偏移"图标 ⎘。

（3）命令行：在命令行中输入"OFFSET"命令，按 Enter 键。

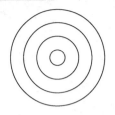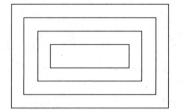

图 2-15 偏移对象

激活命令后，命令行提示：

命令：-offset

当前设置：删除源=否图层=源 OFFSETGAPTYPE = 0

指定偏移距离或[通过(T)/删除(E)/图层(L)]<通过>：默认选项，输入偏移距离后按 Enter 键

选择要偏移的对象，或[退出(E)/放弃(U)]<退出>：(选取要偏移的对象)

指定要偏移的那一侧上的点，或[退出(E)/多个(M)/放弃(U)]<退出>：(在要偏移的一侧单击)

选择要偏移的对象，或[退出(E)/放弃(U)]<退出>：按 Enter 键

各选项功能如下。

（1）"指定偏移距离"：生成对象距离偏移对象的距离。

（2）"通过(T)"：偏移对象通过选定点。

（3）"删除(E)"：确定是否删除源对象。

（4）"图层(L)"：确定将偏移对象创建在当前图层上还是源对象所在的图层上。

（5）"退出(E)"：退出"偏移"命令。

（6）"放弃(U)"：恢复前一个偏移。

说明：

直线的等距离偏移为平行等长线段；圆弧的等距离偏移为圆心角相同的同心圆弧；多段线的等距离偏移为多段线，其组成部分将自动调整。

例：如图 2-16（a）所示，已知直线 AB 及一圆，过圆心 O 作一条直线与 AB 平行，且与 AB 相等。

操作步骤：

指定偏移距离[通过（T）/删除（E）/图层（L）]<通过>：t   //选择"通过"选项

选择要偏移的对象或[退出（E）/放弃（U）]<退出>：选择直线 AB

指定通过点或[退出（E）/多个（M）放弃（U）]<退出>：捕捉圆心

结果如图 2-16（b）所示。

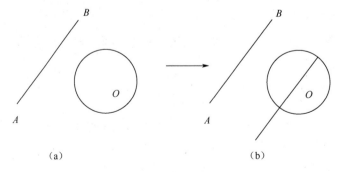

（a）   （b）

图 2-16 指定位置偏移直线

三、"修剪"命令

如图 2-17 所示,"修剪"命令可以方便、快速地利用边界对图形实体进行修剪。

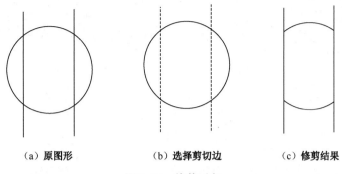

(a) 原图形　　　　　　(b) 选择剪切边　　　　　　(c) 修剪结果

图 2-17　修剪对象

激活命令的方法如下。

(1) 菜单栏:执行"修改"→"偏移"命令。

(2) 工具栏:在"修改"工具栏中单击"修剪"按钮 -/--。

(3) 命令行:在命令行中输入"TRIM"或"TR"命令,按 Enter 键。

激活命令后,命令行提示:

```
命令: _trim
当前设置:投影=UCS    边=无■
选择剪切边….
选择对象或<全部选择>:              //单击选择要修剪的边界
选择对象:                         //按 Enter 键结束命令
选择要修剪的对象,或按住 Shift 键选择要延伸的对象,或［栏选（F）/窗交（C）/投影（P）/
边(E) / 删除（R）/放弃（U）]:       //单击选择要修剪的边
选择要修剪的对象,或按住 Shift 键选择要延伸的对象,或［栏选（F）/窗交（C）/投影（P）/
边(E) / 删除（R）/放弃（U）]:✓      //按 Enter 键结束命令
```

各选项功能如下。

(1) 选择要修剪的对象:默认选项,通过选择要修剪对象相对于剪切边的某一侧来修剪掉多余的部分。

(2) 按住 Shift 键选择要延伸的对象:如果剪切边和要剪切对象没有相交,按住 Shift 键,可以选择要剪切对象,用"修剪"命令做延伸效果,将要剪切对象延伸到剪切边界。

(3) "栏选(F)":依次指定各个栏选点,与栏选点连接线相交的对象将被修剪。

(4) "窗交(C)":指定两个角点,矩形窗口内部或与之相交的对象将被修剪。

(5) "投影(P)":用来确定修剪执行的空间。这时可以将空间两个对象投影到某一平面上执行修剪操作。选择该项后出现输入投影选项的提示。

(6) "删除(R)":删除选定的对象。此选项提供了一种用来删除不需要的对象的简便方法,而无须退出"TRIM"命令。在以前的版本中,最后一段图线无法修剪,只能退出后用"删除"命令删除,现在可以在"修剪"命令中删除。

(7) "放弃(U)":撤销由"修剪"命令所做的最近一次修改。

（8）"边(E)"：按边的模式剪切，选择该项后，提示要求输入隐含边的延伸模式（输入隐含边延伸模式[延伸(E)/不延伸(N)]<不延伸>）

①"延伸(E)"：系统按延伸的方式修剪，当要修剪的对象与剪切边未相交时依然能进行修剪，如图 2-18 所示。

②"不延伸(N)"：系统按不延伸的方式修剪，当要修剪的对象与剪切边未相交时不能修剪。这种方式是系统的默认方式。

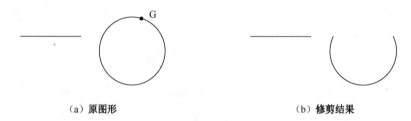

(a) 原图形　　　　　　　　　　　(b) 修剪结果

图 2-18　延伸方式修剪图形

四、"夹点"编辑

在 AutoCAD 中，夹点是控制对象的位置和大小的关键点，它提供了一种方便快捷的编辑操作途径。

选择"工具"→"选项"菜单，弹出"选项"对话框，单击"选择集"选项卡，如图 2-19 所示。在该选项卡中可以设置是否启用夹点及夹点的大小、颜色等。

图 2-19　"选择集"选项卡

系统默认的设置选中"启用夹点"复选框，在这种情况下用户无须启动命令，只要选择对象，在该对象的特征点上就出现一个色块，此即为夹点，默认显示为蓝色，图 2-19 所示。

单击某个夹点，则这个夹点被激活，默认显示为红色。被激活的夹点，通过按 Enter 键或 Space 键响应，能完成拉伸、移动、旋转、比例缩放、镜像等五种编辑模式操作。如图 2-20 所示为一些常用对象的夹点。

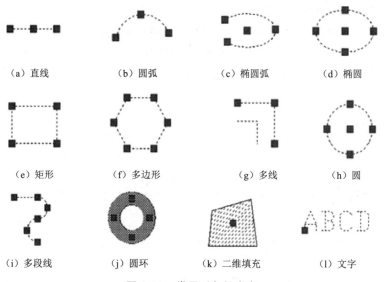

| （a）直线 | （b）圆弧 | （c）椭圆弧 | （d）椭圆 |

| （e）矩形 | （f）多边形 | （g）多线 | （h）圆 |

| （i）多段线 | （j）圆环 | （k）二维填充 | （l）文字 |

图 2-20　常用对象的夹点

（1）使用夹点拉伸对象。如图 2-21 所示，使用夹点拉伸直线，操作步骤如下。

① 选择对象，出现蓝色夹点。

② 选择基准夹点拉伸。激活基准夹点，则其变为红色，操作命令如下：

指定拉伸点或［基点（B）/复制（C）/放弃（U）/退出（X）］：移动鼠标指针，则直线随着基准夹点的移动被拉伸，拉伸至合适位置单击，即可完成夹点拉伸操作。按 Esc 键，取消夹点

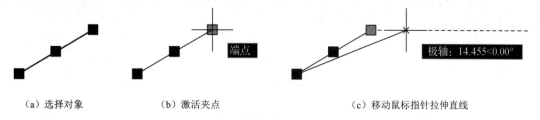

| （a）选择对象 | （b）激活夹点 | （c）移动鼠标指针拉伸直线 |

图 2-21　夹点拉伸对象

（2）使用夹点移动对象。该方式可以将选定的对象进行移动。

（3）使用夹点旋转对象。该方式可以将选定的对象绕基点进行旋转。

（4）使用夹点比例缩放对象。该方式可以将选定的对象进行比例缩放。

（5）使用夹点镜像复制对象。该方式可以将选定的对象进行镜像复制。

五、任务实施

1. 创建图形文件

利用"新建"命令，创建一个新的图形文件。

2．设置绘图环境

（1）设置图形界限。选择"格式"→"图形界限"菜单，根据图形尺寸，将图形界限设置为 297×210。

（2）打开栅格，显示图形界限。

（3）打开图层管理器，创建图层，设置各个图层的属性。

（4）右击状态栏中的"对象捕捉"按钮，在弹出的快捷菜单中选择"设置"选项，弹出"草图设置"对话框。在"对象捕捉"选项卡中，选择"圆心""交点""切点"，单击"确定"按钮。

3．绘制图形

（1）绘制中心线。

① 将"细点画线"图层设置为当前图层。

② 调用"直线"命令，绘制出水平中心线和垂直中心线，结果如图 2-22 所示。

图 2-22　绘制中心线

③ 调用"偏移"命令，将垂直中心线向右方偏移 100，复制另一条垂直中心线，如图 2-23 所示。

图 2-23　偏移垂直中心线

操作命令如下：

```
命令：_offset
当前设置：删除源=否　图层=源　OFFSETGAPTYPE=0
指定偏移距离或 [通过(T)/删除(E)/图层(L)] <通过>：　100　　　//输入偏移距离
选择要偏移的对象，或 [退出(E)/放弃(U)] <退出>：　　　　　//选择垂直中心线
```

指定要偏移的那一侧上的点，或 [退出(E)/多个(M)/放弃(U)] <退出>：
　　　　　　　　　　　　　　　　　//在垂直中心线右侧任一点处单击
选择要偏移的对象，或 [退出(E)/放弃(U)] <退出>：✓ //按 Enter 键结束命令

（2）绘制圆。将"粗实线"图层设置为当前图层。

① 调用"圆"的命令，绘制 φ50、φ80 圆。

操作命令如下：

命令：_circle✓
指定圆的圆心或 [三点(3P)/两点(2P)/ 切点、切点、半径(T)]：　//对象捕捉左面的圆心点
指定圆的半径或 [直径(D)] <10.0000>：25 ✓　　　//输入 φ50 圆的半径
命令：_circle✓　　　　　　　　　　　　　//按 Enter 键重复执行"圆"命令
指定圆的圆心或[三点(3P)/两点(2P)/ 切点、切点、半径(T)]：　//对象捕捉右面的圆心点
指定圆的半径或 [直径(D)] <25.0000>：40 ✓　　//输入 φ80 圆的半径，按 Enter 键确定

结果如图 2-24 所示。

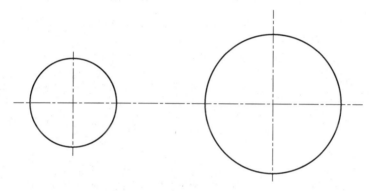

图 2-24　绘制 φ50 和 φ80 的圆

② 绘制 R100 圆弧。

调用"圆"命令，利用切点、切点、半径(T)选项，绘制 R100 的圆。

操作命令如下：

命令：_circle 指定圆的圆心或 [三点(3P)/两点(2P)/ 切点、切点、半径(T)]：t
　　　　　　　　　　　　　　　　　//选择"切点、切点、半径"选项
指定对象与圆的第一个切点：　　　　//在 φ50 圆上指定切点
指定对象与圆的第二个切点：　　　　//在 φ80 圆上指定切点
指定圆的半径<40.0000>：100　　　//输入相切圆的半径，按 Enter 键确定

③ 绘制 R50 圆弧。

调用"圆"命令，利用切点、切点、半径(T)选项，绘制 R50 的圆。

操作命令如下：

命令：_circle 指定圆的圆心或 [三点(3P)/两点(2P)/ 切点、切点、半径(T)]：t
　　　　　　　　　　　　　　　　　//选择"切点、切点、半径"选项
指定对象与圆的第一个切点：　　　　//在 φ50 圆上指定切点
指定对象与圆的第二个切点：　　　　//在 φ80 圆上指定切点
指定圆的半径<100.0000>：50　　　//输入相切圆的半径，按 Enter 键确定

结果如图 2-25 所示。

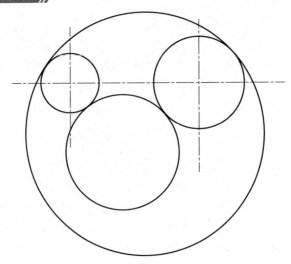

图 2-25　绘制 R100、R50 圆弧

（3）修剪多余图线。执行"修改"工具栏中的"修剪"命令，系统提示：

命令：_trim

当前设置：投影=UCS　边=无 ▇

选择剪切边….

选择对象<全部选择>：找到 1 个　　　　//单击选择φ50 圆

选择对象：找到 1 个，总计 2 个　　　　//单击选择φ80 圆

选择对象：✓　　　　　　　　　　　　//按 Enter 键结束剪切边界的选择

选择要修剪的对象，或按住 Shift 键选择要延伸的对象，或 [栏选（F）/窗交（C）/投影（P）/

删除（R）/放弃（U）]：　　　　　　　//单击选择 R100 圆的下半部分

选择要修剪的对象，或按住 Shift 键选择要延伸的对象，或 [栏选（F）/窗交（C）/投影（P）/

删除（R）/放弃（U）]：　　　　　　　//单击选择 R50 圆的下半部分

选择要修剪的对象，或按住 Shift 键选择要延伸的对象，或 [栏选（F）/窗交（C）/投影（P）/

删除（R）/放弃（U）]：　　　　　　　//按 Enter 键结束"修剪"命令

修剪后的图形如图 2-26 所示。

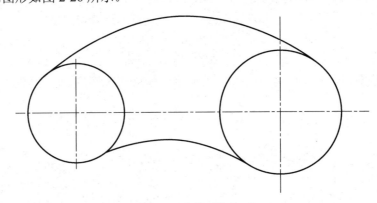

图 2-26　修剪后的图形

（4）调整中心线的长度。利用"夹点"编辑调整中心线，单击中心线，出现蓝色夹点，激活端点（变为红色）进行拉长或缩短，按 Esc 键，取消夹点。

4．保存图形文件

在"标准"工具栏中单击"保存"按钮，保存图形文件。

任务三 绘制扳手平面图形

如图 2-27 所示，绘制扳手平面图形，通过本例学习"正多边形"命令、"圆角"命令、"分解"命令、"删除"命令的使用方法。

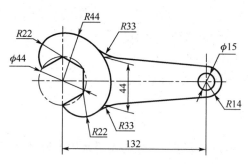

图 2-27 扳手平面图形

一、"正多边形"命令

在 AutoCAD 中提供了多种方法绘制正多边形，在实际应用中可根据需要选择不同的方法，如图 2-28 所示。

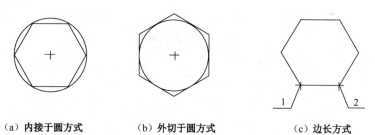

（a）内接于圆方式　　（b）外切于圆方式　　（c）边长方式

图 2-28 绘制正多边形的方法

激活命令的方法如下。

（1）菜单栏：执行"绘图"→"正多边形"命令。

（2）工具栏：在"绘图"工具栏中单击"正多边形"图标 ⬠。

（3）命令行：在命令行中输入"POLYGON"命令，按 Enter 键。

激活命令后，命令行提示：

```
命令：_polygon
输入边的数目 <4>：
指定多边形的中心点或[边(E)]：
输入选项 [内接于圆(I)/外切于圆(C)] <I>：
```

指定圆的半径：

各选项功能如下。

（1）边的数目：输入正多边形的边数。最大为 1024，最小为 3。

（2）中心点：指定绘制的正多边形的中心点。

直接输入正多边形的中心时，AutoCAD 提示行中有以下两种选择。

输入选项 [内接于圆(I)/外切于圆(C)] <I>：输入 I，正多边形内接于已知圆，输入 C，则正多边形外切于已知圆。

（3）边(E)：即指定两个点，以该两点的连线作为正多边形的一条边，利用输入正多边形的边长确定正多边形。

输入 E 时，系统提示：

指定边的第一个端点：

指定边的第二个端点：

系统根据指定的边长即可以绘制出正多边形。

（4）圆的半径：定义内接圆或外切圆的半径。

二、"圆角"命令

如图 2-29 和图 2-30 所示，"圆角"命令的作用是用一段弧在两对象之间光滑过渡。

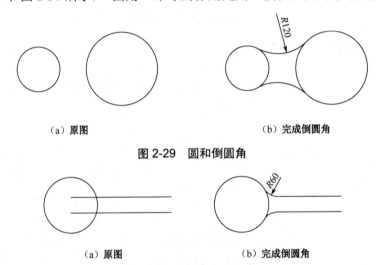

（a）原图　　　　　　　　（b）完成倒圆角

图 2-29　圆和倒圆角

（a）原图　　　　　　　　（b）完成倒圆角

图 2-30　直线和倒圆角

激活命令的方法如下。

（1）菜单栏：执行"修改"→"圆角"命令。

（2）工具栏：在"修改"工具栏中单击"圆角"图标 。

（3）命令行：在命令行中输入"FILLET"或"F"命令，按 Enter 键。

激活命令后，命令行提示：

命令：_fillet

当前设置：模式=修剪，半径=0．0000

选择第一个对象或[放弃(U)／多段线(P)／半径(R)／修剪(T)／多个(M)]：

各选项功能如下。

（1）选择第一个对象：默认项。若取一条直线，则系统提示选取第二条直线，此时用户选取另一条相邻的直线后，AutoCAD 就会以默认半径对这两条直线进行倒圆角。

（2）"放弃(U)"：恢复上一次操作。

（3）"多段线(P)"：选项用于对多段线的所有顶点进行修圆角。

（4）"半径(R)"：用于确定过渡圆弧的半径。

（5）"修剪（T）"：用于设定是否修剪过渡线段。输入修剪模式选项 [修剪(T)/不修剪(N)]<修剪>——选择修剪模式。如果选择修剪，则无论两个对象是否相交，均自动进行修剪，如图 2-31 所示。

  （a）原图   （b）修剪方式倒圆角   （c）不修剪方式倒圆角

图 2-31 修剪方式和不修剪方式倒圆角

（6）"多个(M)"：给多个对象倒圆角。

三、"分解"命令

在 AutoCAD 中是将正多边形当作一个整体来处理的，如果需要分别对各条边进行操作，则需将其先行分解。

激活命令的方法如下。

（1）菜单栏：执行"修改"→"分解"命令。

（2）工具栏：在"修改"工具栏中单击"分解"图标 ⟡。

（3）命令行：在命令行中输入"EXPLODE"或"X"命令，按 Enter 键。

激活命令后，命令行提示：

```
命令：-explode
选择对象：              // 选择要分解的对象
选择对象：              // 继续选择对象或直接按 Enter 键退出操作
```

四、"删除"命令

在绘图过程中，经常需要将多余的或绘制错误的对象删除。

激活命令的方法如下。

（1）菜单栏：执行"修改"→"删除"命令。

（2）工具栏：在"修改"工具栏中单击"删除"图标 ✐。

（3）命令行：输入"ERASE"或"E"命令，按 Enter 键。

激活命令后，命令行提示：

```
命令：-erase
```

| 选择对象： | //选择需要删除的对象 |
| 选择对象： | //按 Enter 键或继续选择对象 |

也可以在选择对象后按 Delete 键删除。

五、任务实施

1．创建图形文件

利用"新建"命令，创建一个新的图形文件。

2．设置绘图环境

设置绘图环境前面已介绍，这里不再赘述。

3．绘制图形

（1）绘制中心线。将"点画线"图层设为当前图层。

① 调用"直线"命令，绘制出水平中心线和垂直中心线，结果如图 2-32（a）所示。

② 调用"偏移"命令，将垂直中心线向右方偏移 132，复制另一条垂直中心线，如图 2-32（b）所示。

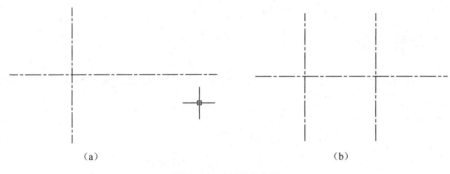

（a）   （b）

图 2-32　绘制中心线

（2）绘制圆。将"点画线"图层设为当前图层，调用"圆"命令，以左边交点为圆心绘制φ44 中心圆，如图 2-33 所示。

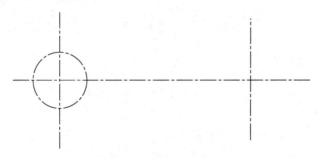

图 2-33　绘制φ44 中心圆

（3）绘制正六边形。将"粗实线"图层设为当前图层，单击"绘图"工具栏中的"正多边形"命令，命令行提示：

```
命令：_polygon
```

输入边的数目 <4>：6 ✓	//指定正多边形的边数
指定多边形的中心点或[边(E)]:	//指定左边中心线交点为正六边形的中心点
输入选项 [内接于圆(I)/外切于圆(C)] <I>: ✓	//默认选项,正多边形内接于已知圆
指定圆的半径:	//选择φ44圆与垂直中心线的交点

结果如图2-34所示。

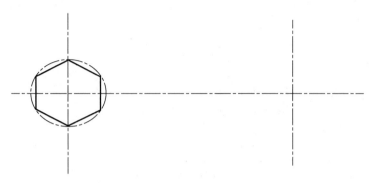

图2-34　绘制正六边形

（4）绘制圆。将"粗实线"图层设为当前图层,调用"圆"命令,以左边中心线交点为圆心绘制φ88（R44）圆,以正六边形与垂直中心线上边为圆心、正六边形右下顶点为圆心,R22为半径画两个圆,再以右边交点为圆心绘制φ15、φ28（R14）圆,如图2-35所示。

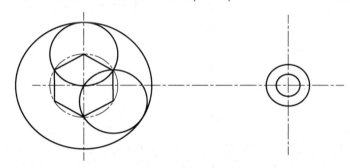

图2-35　绘制圆

（5）绘制手柄轮廓。将"粗实线"图层设为当前图层,单击"绘图"工具栏中的"直线"命令,命令行提示:

命令：-line 指定第一点:	//捕捉由正六边形上顶点引出的水平极轴与φ88圆是交点
指定下一点或[放弃(U)]:	//捕捉φ28圆切点
指定下一点或 [闭合(C)/放弃(U)]:	//按Enter键结束

结果如图2-36所示。

（6）倒圆角。将"粗实线"图层设为当前图层,单击"修改"工具栏中的"圆角"命令命令行提示:

命令：_fillet	
当前设置:模式=修剪,半径=0.0000	
选择第一个对象或[放弃(U) /多段线(P)/半径(R)/修剪(T)/多个(M)]: r✓	
	//选择半径选项
指定圆角半径<0.0000>：33	//输入圆角半径

选择第一个对象或[放弃(U)多段线(P)/半径(R)/修剪(T)/多个(M)]: t↙

//选择修剪模式

输入修剪模式选项[修剪(T)/不修剪(N)]<修剪>:n↙   //选择不修剪

选择第一个对象或[放弃(U) /多段线(P)/半径(R)/修剪(T)/多个(M)]:   //选择φ88圆

选择第二个对象，或按住 Shift 键选择要应用角点的对象: //选择直线

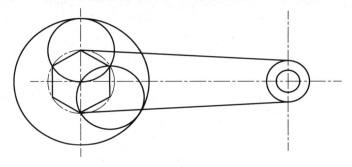

图 2-36　绘制手柄轮廓

重复执行上面的操作完成倒圆角的绘制，如图 2-37 所示。

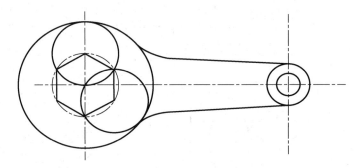

图 2-37　倒圆角

（7）分解正六边形。单击"修改"工具栏中的"分解"命令，命令行提示：

命令：-explode

选择对象：找到一个   // 选择正六边形

选择对象：   // 按 Enter 键结束

选择正六边形多余图线，按 Delete 键删除

（8）修剪多余图线。单击"修改"工具栏中的"修剪"命令，按图样要求修剪多余图线，如图 2-38 所示。

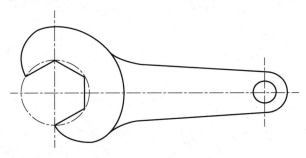

图 2-38　修剪后的图形

4．保存图形文件

在"标准"工具栏中单击"保存"按钮，保存图形文件。

任务四 绘制组合平面图形（一）

如图 2-39 所示，绘制组合图形，通过本例学习"矩形"、"圆环"、"椭圆"等命令的使用方法。

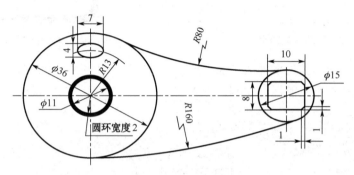

图 2-39　组合图形

一、"矩形"命令

在 AutoCAD 中提供了多种方法绘制正多边形，在实际应用中可根据需要选择不同的方法。激活命令的方法如下。

（1）菜单栏：执行"绘图"→"矩形"命令。

（2）工具栏：在"绘图"工具栏中单击"矩形"图标 。

（3）命令行：在命令行中输入"RECTANG"命令，按 Enter 键。

激活命令后，命令行提示：

```
命令：_rectang
指定第一个角点或 [倒角(C)/标高(E)/圆角(F)/厚度(T)/宽度(W)]：
指定另一个角点或 [面积(A)/尺寸(D)/旋转(R)]：
```

各选项功能如下。

（1）指定第一个角点：定义矩形的一个顶点。这是默认绘制矩形的方法，通过指定两个角点来确定矩形的大小和位置，如图 2-40 所示。

（2）指定另一个角点：定义矩形的另一个顶点。

（3）倒角(C)：绘制带倒角的矩形，如图 2-41 所示。

① 第一倒角距离——定义第一倒角距离。

② 第二倒角距离——定义第二倒角距离。

（4）圆角(F)：绘制带圆角的矩形，如图 2-42 所示。

矩形的圆角半径——定义圆角半径。

图 2-40　指定角点绘制矩形

图 2-41　带倒角的矩形

（5）宽度(W)：定义矩形的线宽，如图 2-43 所示。

图 2-42　带圆角的矩形

图 2-43　按宽度绘制的矩形

（6）标高(E)：指定矩形所在的平面高度，该选项一般用于三维绘图。

（7）厚度(T)：按给定的厚度绘制矩形。

（8）面积(A)：根据面积绘制矩形。

① 输入以当前单位计算的矩形面积 <xx>

② 计算矩形尺寸时依据 [长度(L)/宽度(W)] <长度>：L↙

③ 输入矩形长度<x>：——根据面积和长度绘制矩形。

④ 计算矩形标注时依据 [长度(L)/宽度(W)] <长度>：w↙

⑤ 输入矩形宽度<x>：根据面积和宽度绘制矩形。

（9）尺寸(D)：根据长度和宽度来绘制矩形。

①指定矩形的长度 <0.0000>：

②指定矩形的宽度 <0.0000>：

（10）旋转(R)：通过输入值、指定点或输入 P 并指定两个点来指定角度。

指定旋转角度或 [点(P)] <0>：

选择"R"选项，指定了旋转角度后即可按前述方法绘制矩形，如图 2-44 所示，如果要根据已有直线确定矩形的旋转角度，则可选择"P"选项，根据先后拾取的两个点来确定矩形的旋转角度，如图 2-45 所示。

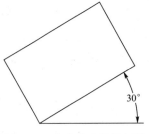

图 2-44　指定角度旋转矩形

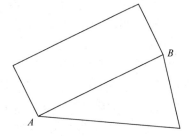

图 2-45　根据已有直线旋转矩形

二、"圆环"命令

圆环是一种可以填充的同心圆，其内径可以为 0，也可以和外径相等，圆环示例如图 2-46

所示。

  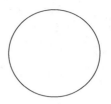

(a) 内、外径不等   (b) 内径为零   (c) 内、外径相等

图 2-46 圆环示例

激活命令的方法如下。

（1）菜单栏：执行"绘图"→"圆环"命令。

（2）命令行：在命令行中输入"DONUT"命令，按 Enter 键。

激活命令后，命令行提示：

> 命令：_donut
>
> 指定圆环的内径 <默认值>：
>
> 指定圆环的外径 <默认值>：
>
> 指定圆环的中心点 <退出>：

各选项功能如下。

（1）内径：定义圆环的内圈直径。

（2）外径：定义圆环的外圈直径。

（3）中心点：指定圆环的圆心位置。

（4）<退出>：结束圆环绘制，否则可以连续绘制同样的圆环。

三、"椭圆"命令

绘制椭圆和绘制椭圆弧采用同一个命令，只是选项不同。绘制椭圆弧是绘制椭圆时选择参数"A"，绘制椭圆弧需要增加夹角的两个参数。

激活命令的方法如下。

（1）菜单栏：执行"绘图"→"椭圆"命令。

（2）工具栏：在"绘图"工具栏中单击"椭圆"图标 ⬭ 或"椭圆弧"图标 ⟳ 。

（3）命令行：在命令行中输入"ELLIPSE"或"EL"命令，按 Enter 键。

激活命令后，命令行提示：

> 命令：_ellipse
>
> 指定椭圆的轴端点或[圆弧(A)/中心点(C)]：
>
> 指定椭圆的中心点：
>
> 指定轴的端点：
>
> 指定另一条半轴长度或[旋转(R)]：

各选项功能如下。

（1）端点：指定椭圆轴的端点，如图 2-47（a）所示。

（2）中心点(C)：指定椭圆的中心点，如图 2-47（b）所示。

（3）半轴长度：指定半轴的长度。

（4）旋转(R)：指定一轴相对于另一轴的旋转角度，如图 2-47（c）所示。范围为 0～89.4°，0°绘制一圆，大于 89.4°则无法绘制椭圆。

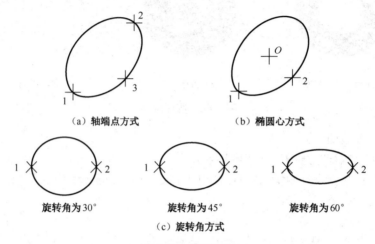

（a）轴端点方式　　　　　　　　（b）椭圆心方式

旋转角为30°　　　　　　旋转角为45°　　　　　　旋转角为60°

（c）旋转角方式

图 2-47　椭圆示例

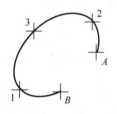

图 2-48　椭圆弧示例

如图 2-48 所示，在绘制椭圆时选择参数"A"，则可绘制椭圆的一部分，即椭圆弧。绘制椭圆弧，除了输入必要的参数确定母圆外，还需要输入椭圆弧的起始角度和终止角度。相应地增加了以下的提示及参数：

① 指定起始角度或[参数(P)]：输入起始角度
② 指定终止角度或[参数(P)/包含角度(I)]：输入终止角度或输入椭圆包含的角度

四、任务实施

1. 创建图形文件

利用"新建"命令，创建一个新的图形文件。

2. 设置绘图环境

设置绘图环境前面已介绍，这里不再赘述。

3. 绘制图形

（1）绘制中心线。将"点画线"图层设为当前图层。

① 调用"直线"命令，绘制出水平中心线和垂直中心线。

② 调用"偏移"命令，将垂直中心线向右方偏移，复制另一条垂直中心线，结果如图 2-49 所示。

③ 调用"圆"命令，绘制 $R13$ 的中心圆，如图 2-50 所示。

（2）绘制$\phi36$、$\phi15$ 的两个圆。将"粗实线"图层设为当前图层，调用"圆"命令分别捕捉到两个圆心，绘制$\phi36$、$\phi15$ 的两个圆。

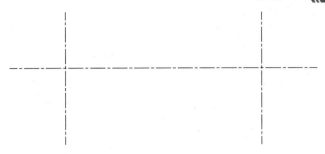

图 2-49 绘制中心线

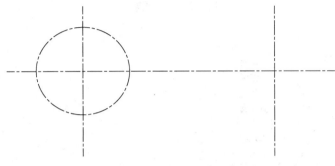

图 2-50 绘制 R13 中心圆

（3）绘制 R160 的圆弧。调用"圆"命令，利用切点、切点、半径(T)选项，绘制 R160 的圆。单击"修改"工具栏中的"修剪"命令，对相切圆多余的部分进行修剪。

（4）绘制 R80 的圆弧。调用"圆角"命令，绘制 R80 的相切圆，如图 2-51 所示。

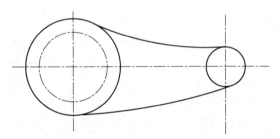

图 2-51 绘制 R160、R80 圆弧

（5）绘制椭圆。将"粗实线"图层设为当前图层，调用"椭圆"命令，命令行提示：

```
命令：_ellipse                          //启动椭圆命令
指定椭圆的轴端点或[圆弧(A)/中心点(C)]：c✓     //选择"中心点"选项
指定椭圆的中心点：                        //选择中心点 B
指定轴的端点：3.5 ✓                     //用极轴追踪水平向右，输入椭圆长半轴长度尺寸
指定另一条半轴长度或[旋转(R)]：@0.2✓    //垂直向上追踪，输入椭圆短半轴长度尺寸
```

结果如图 2-52 所示。

（6）绘制圆环。将"粗实线"图层设为当前图层，调用"圆环"命令，命令行提示：

```
命令：_donut                            //启动圆环命令
指定圆环的内径 <0.5000>：10✓            //指定圆环的内径
指定圆环的外径 <1.0000>：12✓            //指定圆环的外径
指定圆环的中心点 <退出>：                //捕捉圆环的中心点 c
```

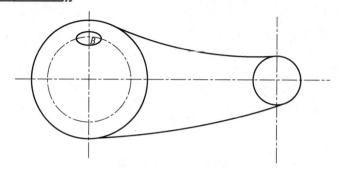

图 2-52　绘制椭圆

结果如图 2-53 所示。

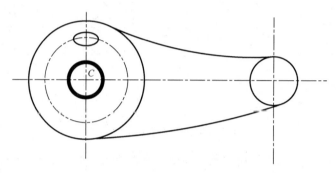

图 2-53　绘制圆环

（7）绘制倒角矩形。将"粗实线"图层设为当前图层，调用"矩形"命令，命令行提示：

```
命令：_rectang                              //启动矩形命令
指定第一个角点或 [倒角(C)/标高(E)/圆角(F)/厚度(T)/宽度(W)]：c↙
                                           //选择倒角选项
指定矩形的第一个倒角距离<0.0000>：1↙        //倒角距离为1mm
指定矩形的第一个倒角距离<1.0000>：↙          //倒角距离为1mm
指定第一个角点或 [倒角(C)/标高(E)/圆角(F)/厚度(T)/宽度(W)]：
-from 基点：<偏移>：@5，4 ↙
        //使用捕捉"自"命令，捕捉 A 点作为基点，设置矩形右上角点相对 A 点的偏移距离
指定另一个角点或 [面积(A)/尺寸(D)/旋转(R)]： @—10，—8↙
        //设置另一个角点相对前一个角点的偏移距离
```

结果如图 2-54 所示。

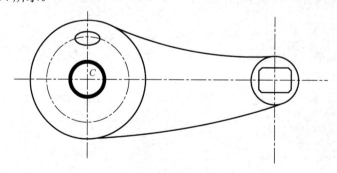

图 2-54　绘制倒角矩形

（8）修整中心线的长短。利用"夹点"编辑或"打断"命令修剪中心线的长短，结果如图 2-54 所示。

4．保存图形文件

在"标准"工具栏中单击"保存"按钮，保存图形文件。

任务五 绘制手柄平面图形

如图 2-55 所示，绘制手柄平面图形，通过本例学习"移动""镜像""延伸""拉长""倒角"命令的使用方法。

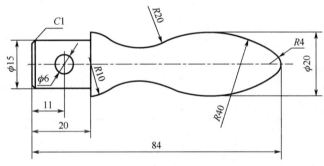

图 2-55 手柄平面图形

一、"移动"命令

"移动"命令可以将选中的对象移动到指定的位置。

激活命令的方法如下。

（1）菜单栏：执行"修改"→"移动"命令。

（2）工具栏：在"修改"工具栏中单击"移动"图标 ✛。

（3）命令行：在命令行中输入"MOVE"或"M"命令，按 Enter 键。

激活命令后，命令行提示：

```
命令：_move
选择对象：
选择对象：✓
指定基点或 [位移(D)] <位移>：
指定第二个点或 <使用第一个点作为位移>：
```

各选项功能如下。

（1）选择对象：选择欲移动的对象。

（2）指定基点或[位移(D)]：指定移动的基点或直接输入位移。

（3）指定第二个点或<使用第一个点作为位移>：如果选取了某点，则指定位移第二个点。

二、"镜像"命令

"镜像"命令可以将选中的对象沿一条指定的直线进行对称复制，源对象可删除也可以不删除，如图 2-56 所示。

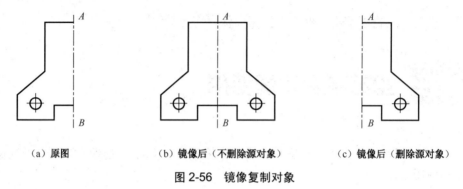

| (a) 原图 | (b) 镜像后（不删除源对象） | (c) 镜像后（删除源对象） |

图 2-56 镜像复制对象

激活命令的方法如下。

（1）菜单栏：执行"修改"→"镜像"命令。

（2）工具栏：在"修改"工具栏中单击"镜像"图标 ◢◣。

（3）命令行：在命令行中输入"MIRROR"或"MI"命令，按 Enter 键。

激活命令后，命令行提示：

```
命令：_mirror
选择对象：
指定镜像线的第一点：
指定镜像线的第二点：
要删除源对象吗？[是(Y) /否( N) ]<N>：
```

各选项功能如下。

（1）选择对象：选择一个或多个要被镜像的对象，按 Enter 键结束对象的选择。

（2）指定镜像线的第一点：确定镜像轴线的第一点。

（3）指定镜像线的第二点：确定镜像轴线的第二点。

（4）要删除源对象吗？[是(Y)/否(N)] <N>:Y 删除源对象；N 不删除源对象，为默认选项。

三、"延伸"命令

"延伸"命令可以将指定的对象延伸到选定的边界，"延伸"命令示例如图 2-57 所示。

（a）延伸之前   （b）延伸之后

图 2-57 "延伸"命令示例

激活命令的方法如下。

（1）菜单栏：执行 "修改"→"延伸"命令。

（2）工具栏：在"修改"工具栏中单击"延伸"图标 --/。

（3）命令行：在命令行中输入"EXTEND"或"EX"命令，按 Enter 键。

激活命令后，命令行提示：

> 命令：_extend
>
> 选择边界的边...
>
> 选择对象或 <全部选择>：
>
> 选择对象：✓
>
> 选择要延伸的对象,或按住 Shift 键选择要修剪的对象,或[栏选(F)/窗交(C)/投影(P)/边(E)/
>
> 放弃(U)]：

各选项功能如下。

（1）选择边界的边 ... 或 <全部选择>：提示选择延伸边界的边，下面的选择对象即作为边界。

（2）选择要延伸的对象：选择欲延伸的对象。

（3）按住 Shift 键选择要修剪的对象：按住 Shift 键选择对象，此时为修剪。

① 栏选(F)——选择与选择栏相交的所有对象。将出现栏选提示。

② 窗交(C)——由两点确定矩形区域，区域内部或与之相交的对象。

③ 投影(P)——按投影模式延伸，选择该项后出现输入投影选项的提示。

④ 边(E)——将对象延伸到另一个对象的隐含边。

⑤ 放弃(U)——撤销由延伸命令所做的最近一次修改。

（4）输入投影选项 [无(N)/UCS(U)/视图(V)] <无>：输入投影选项，即根据"UCS"或"视图"或"无"来进行延伸。

（5）输入隐含边延伸模式 [延伸(E)/不延伸(N)] <不延伸>：定义隐含边延伸模式。

四、"拉长"命令

"拉长"命令可以拉长或缩短直线、圆弧的长度。

激活命令的方法如下。

（1）菜单栏：执行"修改"→"拉长"命令。

（2）工具栏：在"修改"工具栏中单击"拉长"图标 。

（3）命令行：在命令行中输入"LENG7HEN"或"LEN"命令，按 Enter 键。

激活命令后，命令行提示：

> 命令：_lengthen
>
> 选择对象或 [增量(DE)/百分数(P)/全部(T)/动态(DY)]：
>
> 输入长度增量或 [角度(A)] <当前值>：
>
> 选择要修改的对象或 [放弃(U)]：

各选项的功能如下。

（1）选择对象：选择欲拉长的直线或圆弧对象，此时显示该对象的长度或角度。

（2）增量(DE)：定义增量大小，正值为增，负值为减。

（3）百分数(P)：定义百分数来拉长对象，类似于缩放比例。

（4）全部(T)：定义最后的长度或圆弧的角度。

（5）动态(DY)：动态改变实体的长度。用户可以利用十字光标动态地改变实体的终点从而改变长度。

（6）输入长度增量或 [角度(A)]＜＞：输入长度增量或角度增量。

（7）选择要修改的对象或 [放弃(U)]：选取欲修改的对象，输入"U"则放弃刚完成的操作。

五、"倒角"命令

"倒角"是机械零件图上常见的结构。利用"倒角"命令可以用一条斜线连接两条不平行的直线对象，倒角可以通过"倒角"命令直接产生。

激活命令的方法如下。

（1）菜单栏：执行"修改"→"倒角"命令。

（2）工具栏：在"修改"工具栏中单击"倒角"图标 ▱ 。

（3）命令行：在命令行中输入"CHAMFER"或"CHA"命令，按 Enter 键。

激活命令后，命令行提示：

> 命令：-chamfer
>
> （"修剪"模式）当前倒角距离1 = 0.0000，距离 2 = 0.0000
>
> 选择第一条直线或[放弃(U) ／多段线(P) ／距离(D) ／角度(A) ／修剪(T) ／方式(E) ／多个(M)]：

各选项功能如下。

① "放弃(U)"：恢复上一次操作。

② "多段线(P)"：在被选择的多段线的各顶点处按当前倒角设置创建倒角。

③ "距离(D)"：分别指定第一个和第二个倒角距离，如图 2-58（b）所示。

④ "角度(A)"：根据第一条直线的倒角长度及倒角角度来设置倒角尺寸，如图 2-58（c）所示。

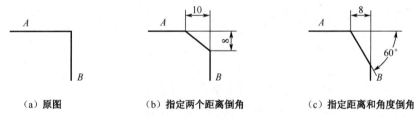

（a）原图　　　　　　　（b）指定两个距离倒角　　　　　（c）指定距离和角度倒角

图 2-58　对两直线倒角

⑤ "修剪(T)"：设置倒角"修剪"模式，即设置是否对倒角边进行修剪，如图 2-59 所示。

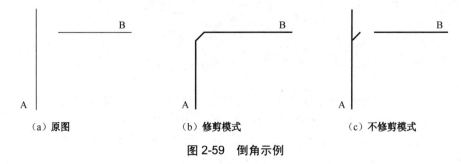

（a）原图　　　　　　　　（b）修剪模式　　　　　　　（c）不修剪模式

图 2-59　倒角示例

⑥ "方式(E)"：设置倒角方式。控制倒角命令（是使用"两个距离"还是使用"一个距离和一个角度"）来创建倒角。

⑦ "多个(M)"：可在命令中进行多次倒角操作。

六、任务实施

1．创建图形文件

利用"新建"命令，创建一个新的图形文件。

2．设置绘图环境

设置绘图环境前面已介绍，这里不再赘述。

3．绘制图形

（1）绘制中心线。将"点画线"图层设为当前图层。调用"直线"命令，绘制出水平中心线，长度为90。向上偏移该直线，偏移距离为15，如图2-60所示。

图2-60 绘制中心线

（2）绘制左端直线。将"粗实线"图层设为当前图层，调用"直线"命令，绘制左端直线，如图2-61所示。

图2-61 绘制左端直线

（3）倒角，并绘制垂直线。调用"倒角"命令绘制C1倒角。

命令行提示：

```
命令：-Chamfer                        //启动"倒角"命令
（"修剪"模式）当前倒角距离1=10. 0000，距离2 =10. 0000
选择第一条直线或[放弃(U) /多段线(P)/距离(D)/角度(A)/
修剪(T)/方式(E)/多个(M) ]：d↙        //选择距离选项，设置倒角距离

指定第一个倒角距离<0.000>：1↙        //第一个倒角距离为1
指定第二个倒角距离<0.000>：↙         //按Enter键，接受默认第二个倒角距离为1
选择第一条直线或[放弃(U) /多段线(P)/距离(D)/角度(A)/
修剪(T)/方式(E)/多个(M) ]：          //选择左端竖直线
选择第二条直线或按住Shift键选择要应用角点的直线：   //选择水平直线
```

结果如图2-62所示。

图 2-62　倒角

（4）绘制圆。以点 O 为圆心绘制 $R15$ 和 $R10$ 的两个同心圆，如图 2-63 所示。

图 2-63　绘制两个同心圆

（5）移动 $R10$ 圆。调用"移动"命令，平移 $R10$ 的圆，移动距离为 65，如图 2-64 所示。
命令行提示：

命令：_move	//启动"移动"命令
选择对象：找到一个	//选择 $R10$ 圆
选择对象：✓	//按 Enter 键，结束对象选择
指定基点或 [位移(D)] <位移>：	//选择 O 点作为基点
指定第二个点或 <使用第一个点作为位移>：60	//输入移动距离

图 2-64　移动 $R10$ 圆

（6）绘制 $R50$、$R10$ 的圆弧。调用"圆"命令，用"相切、相切、半径(T)"方式绘制 $R50$ 的圆弧；用圆角命令绘制 $R10$ 的圆弧，如图 2-65 所示。

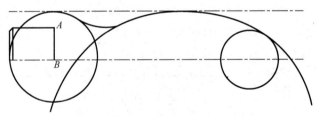

图 2-65　绘制 $R50$、$R10$ 圆弧

（7）延伸直线。调用"延伸"命令，以 $R15$ 的圆为边界延伸直线 AB，如图 2-66 所示。
命令行提示：

命令：_extend	//启动"延伸"命令
选择边界的边...	//系统提示
选择对象或 <全部选择>：	//选择 $R15$ 圆
找到一个	

选择对象：✓

选择要延伸的对象，或按住"Shift"键选择要修剪的对象，或 [栏选(F)/窗交(C)/投影(P)/
边(E)/放弃(U)]: //靠近 A 点处选择直线 AB

选择要延伸的对象，或按住"Shift"键选择要修剪的对象，或 [栏选(F)/窗交(C)/投影(P)/
边(E)/放弃(U)]: ✓ //按 Enter 键车结束"延伸"操作

图 2-66 延伸直线

（8）复制另一半图形。用"镜像"命令复制另一半图形，如图 2-67 所示。

命令行提示：

命令: -mirror	//启动镜像命令
选择对象:	//用窗口方式选择中心线上面的线
选择对象: ✓	//按 Enter 键，结束对象选择
指定镜像线的第一点:	//捕捉左端点
指定镜像线的第二点:	//捕捉右端点
要删除源对象吗？[是(Y) /否(N)]<N>: ✓	//默认选项"否"，保留源对象

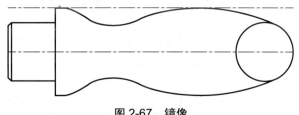

图 2-67 镜像

（9）绘制 ϕ6mm 的圆及其中心线。

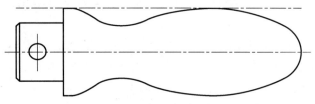

图 2-68 绘制 ϕ6mm 圆、修整图形

（10）修整图形。删除多余线，用"拉长"命令动态调整中心线的长度完成全图，如
图 2-68 所示。

执行"修改"→"拉长"命令，系统提示：

命令: _lengthen	//启动"拉长"命令
选择对象或 [增量(DE)/百分数(P)/全部(T)/动态(DY)]: dy	//选择动态选项
选择要修改的对象或 [放弃(U)]:	//选择中心线
指定新端点:	//向外拉中心线至合适位置

选择要修改的对象或 [放弃(U)]：✓   //按 Enter 键结束"拉长"命令

4. 保存图形文件

在"标准"工具栏中单击"保存"按钮，保存图形文件。

任务六 绘制雨伞平面图形

如图 2-69 所示，绘制雨伞平面图形，通过本例学习"多段线""圆弧""样条曲线"等命令的使用方法。

图 2-69 雨伞平面图形

一、"多段线"命令

1. 绘制多段线

多段线是 AutoCAD 中最常用且功能较强的实体之一，它是由一系列首尾相连的直线和圆弧组成的一个独立的对象，可以具有宽度，并可绘制封闭区域，如图 2-70 所示。

图 2-70 多段线示例

多段线具有很多单独的直线、圆弧等对象所不具备的优点，主要表现在以下几点。

（1）多段线可直可曲，宽度可以自定义，可宽可窄，可以宽度一致，也可以粗细变化（如箭头形状等）。

（2）多段线编辑很容易，这使得对多段线作图案填充处理或在 3D 空间对多段线进行操作变得轻松自如。

在 AutoCAD 中，用户可利用"PLINE"命令生成多段线，并可用"PEDIT"命令来编辑它。

激活命令的方法如下。

（1）菜单栏：执行"绘图"→"多段线"命令。

（2）工具栏：在"绘图"工具栏中单击"多段线"图标 ⤵ 。

（3）命令行：在命令行中输入"PLINE"或"PL"命令，按 Enter 键。

激活命令后，命令行提示：

命令：_pline
指定起点：（指定多段线的起点）
当前线宽为 0.0000（系统提示）
指定下一点或[圆弧(A)/半宽(H)/长度(L)/放弃(U)/宽度(W)]： //（指定多段线的下一个点）
指定下一点或[圆弧(A)/闭合(C)/半宽(H)/长度(L)/放弃(U)/宽度(W)]：

各选项功能如下。

（1）指定下一点：默认为直线，用定点方式指定多段线的下一点，绘制一条直线。

（2）圆弧(A)：绘制圆弧多段线的同时提示转换为绘制圆弧的系列参数。

指定圆弧的端点或[角度(A)/圆心(CE)/闭合(CL)/方向(D)/半宽(H)/直线(L)/半径(R)/第二个点(S)/放弃(U)/宽度(W)]：

> 指定圆弧的端点：确定圆弧的端点，绘制的圆弧过前一段线的终点，并与前一段线（圆弧或直线）在连接点处相切。

角度(A)——指定圆弧从起点开始的包含角，正数按逆时针方向创建，负数按顺时针方向创建。

圆心(CE)——输入绘制圆弧的圆心。

闭合(CL)——将多段线首尾相连封闭图形。

方向(D)——确定圆弧方向。

半宽(H)——输入多段线一半的宽度。

直线(L)——转换成直线绘制方式。

半径(R)——输入圆弧的半径。

第二个点(S)——输入决定圆弧的第二点。

放弃(U)——放弃最后绘制的圆弧。

宽度(W)——输入多段线的宽度。

（3）闭合(C)：将多段线首尾相连封闭图形。

（4）半宽(H)：输入多段线一半的宽度。

（5）长度(L)：输入欲绘制的直线的长度，其方向与前一直线相同或与前一圆弧相切。

（6）放弃(U)：放弃最后绘制的一段多段线。

（7）宽度(W)：输入多段线的宽度。

2．编辑多段线（PEDIT）

在 AutoCAD 中，PEDIT 命令用于修改 2D 或 3D 多段线。使用该命令可改变线宽，增加、删除或移动顶点，用曲线或样条拟合顶点，删除顶点信息、调整顶点切线方向，也可打开或闭合多段线，如图 2-71 所示。

激活命令的方法如下。

（1）菜单栏：执行"修改"→"对象"→"多段线"命令。

（2）工具栏：在"修改"工具栏中单击"编辑多段线"图标。

（3）命令行：在命令行中输入"PEDIT"或"PE"命令，按 Enter 键。

激活命令后，命令行提示：

> 命令：_pedit   //输入多段线编辑命令
> 选择多段线或 [多条(M)]：   //选中多段线
> 输入选项 [闭合(C)/合并(J)/宽度(W)/编辑顶点(E)/拟合(F)/样条曲线(S)/非曲线化(D)/线型生成(L)/反转(R)/放弃(U)]：   //输入选项

各选项功能如下。

（1）选择多段线或 [多条(M)]：选择欲编辑的多段线。如果输入 M，则可以同时选择多条多段线进行修改。如果选择了直线或圆弧，则系统提示是否转换成多段线，输入"Y"则将普通线条转换成多段线。

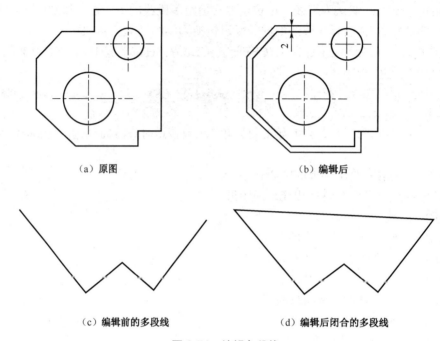

（a）原图　　　　　　　　　　　　　（b）编辑后

（c）编辑前的多段线　　　　　　　　　（d）编辑后闭合的多段线

图 2-71　编辑多段线

（2）闭合(C)/打开(O)：如果该多段线本身是闭合的，则提示为打开(O)。选择了打开，则将最后一条封闭该多段线的线条删除，形成一条不封口的多段线。

（3）合并(J)：将和多段线端点精确相连的其他直线、圆弧、多段线合并成一条多段线。该多段线必须是开口的。

（4）宽度(W)：设置该多段线的全程宽度。对于其中某一条线段的宽度，可以通过顶点编辑来修改。

（5）编辑顶点(E)：对多段线的各个顶点进行单独的编辑。选择该项后，提示如下。

下一个(N)：选择下一个顶点。

上一个(P)：选择上一个顶点。

打断(B)：将多段线一分为二，或者删除顶点处的一条线段。

插入(I)：在标记处插入一顶点。

移动(M)：移动顶点到新的位置。

重生成(R)：重新生成多段线以观察编辑后的效果。

拉直(S)：删除所选顶点间的所有顶点，用一条直线替代。

切向(T)：在当前标记顶点处设置切矢方向以控制曲线拟合。

宽度(W)：设置每一独立的线段的宽度，始末点宽度可以设置成不同。

退出(X)：退出顶点编辑，回到 PEDIT 命令提示下。

（6）拟合(F)：产生通过多段线的所有顶点、彼此相切的各圆弧段组成的光滑曲线。

（7）样条曲线(S)：产生通过多段线首末顶点，其形状和走向由多段线其余顶点控制的样条曲线。其类型由系统变量来确定。

（8）非曲线化(D)：取消拟合或样条曲线，回到直线状态。

（9）线型生成(L)：控制多段线在顶点处的线型，选择该项后出现以下提示：

输入多段线线型生成选项 ［开(ON)／关(OFF)］

（10）反转（R）：将多段线的顶点顺序反转。

（11）放弃(U)：取消最后的编辑。

PEDIT 的"拟合(F)"和"样条曲线(S)"分别用于生成拟合曲线和样条曲线。拟合曲线穿过顶点控制点，并且每对顶点之间由两段圆弧组成。样条曲线内插在控制点之间，但通常并不通过顶点，系统用很短的直线段或圆弧来逼近圆弧曲线。

3．多段线分解

在 AutoCAD 中，分解（EXPLODE）命令用于把多段线分解成各自独立的直线和圆弧对象，该命令执行后，被分解的各段多段线将丢失宽度和切线信息。

二、"圆弧"命令

圆弧是常见的图素之一。圆弧可通过"圆弧"命令直接绘制，也可以通过打断圆成圆弧，以及倒圆角等方法产生圆弧。下面介绍使用"圆弧"命令绘制圆弧的方法。

激活命令的方法如下。

（1）菜单栏：执行"绘图"→"圆弧"命令，然后单击下级子菜单，共有 11 种不同的定义圆弧的方式，如图 2-72 所示。

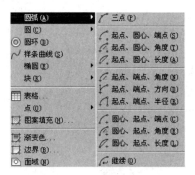

图 2-72 "圆弧"子菜单

绘制圆弧的 11 种方式如下。

① 三点：默认方式，通过指定圆弧的起点、第二点、端点来绘制圆弧，如图 2-73（a）所示。

② 起点、圆心、端点：通过指定圆弧的起点、圆心、端点来绘制圆弧，如图 2-73（b）所示。

③ 起点、圆心、角度：通过指定圆弧的起点、圆心、圆弧的圆心角来绘制圆弧，如图 2-73（c）所示。

④ 起点、圆心、长度：通过指定圆弧的起点、圆心、弧的弦长来绘制圆弧，如图 2-73（d）所示。

⑤ 起点、端点、角度：通过指定圆弧的起点、端点、圆弧的圆心角来绘制圆弧，如图 2-73（e）所示。

⑥ 起点、端点、方向：通过指定圆弧的起点、端点、起点的切线方向来绘制圆弧，如图 2-73（f）所示。

⑦ 起点、端点、半径：通过指定圆弧的起点、端点、半径来绘制圆弧，如图 2-73（g）所示。

⑧ 圆心、起点、端点：通过指定圆弧的圆心、起点、端点来绘制圆弧，如图 2-73（h）所示。

⑨ 圆心、起点、角度：通过指定圆弧的圆心、起点、角度来绘制圆弧，如图 2-73（i）所示。

⑩ 圆心、起点、长度：通过指定圆弧的圆心、起点、弦长来绘制圆弧，如图 2-73（j）所示。

⑪ 继续：从最后一次绘制的直线、圆弧或多段线的最后一个端点作为新圆弧的起点，以最后所绘线段方向或圆弧终点的切线方向为新圆弧的起始点处的切线方向，然后指定圆弧的端点来绘制圆弧，如图 2-73（k）所示。

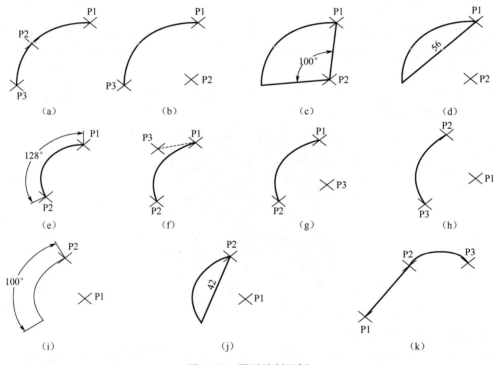

图 2-73　圆弧绘制示例

（2）工具栏：在"绘图"工具栏中单击"圆弧"图标 　。

（3）命令行：在命令行中输入"ARC"或"A"命令，按 Enter 键。

激活命令后，命令行提示：

> 命令：-a↙
>
> 指定圆弧的起点或 [圆心(C)]：　　//输入圆弧的起点或输入"C"，使用 [圆心(C)] 选项

各选项功能如下。

（1）三点：指定圆弧的起点、终点及圆弧上的任意一点。

（2）起点：指定圆弧的起始点。

（3）端点：指定圆弧的端止点。

（4）圆心：指定圆弧的圆心。

（5）方向：指定和圆弧起点相切的方向。

（6）长度：指定圆弧的弦长。正值绘制小于 180°的圆弧，负值绘制大于 180°的圆弧。

（7）角度：指定圆弧包含的角度。顺时针为负，逆时针为正。

（8）半径：指定圆弧的半径。按逆时针绘制，正值绘制小于 180°的圆弧，负值绘制大于 180°的圆弧。

三、"样条曲线"命令

"样条曲线"是指被一系列给定点控制（点点通过或逼近）的光滑曲线。主要用于局部视图、局部剖视图、局部放大图时画波浪线。

激活命令的方法如下。

（1）菜单栏：执行"绘图"→"样条曲线"命令。

（2）工具栏：在"绘图"工具栏中单击"样条曲线"图标 ～ 。

（3）命令行：在命令行中输入"SPLINE"或"SPL"命令，按 Enter 键。

激活命令后，命令行提示：

```
命令：spline
指定第一个点或[对象(O)]：指定起点
指定下一点：指定另一个点，两点间将形成一条样条曲线
指定下一点或[闭合(C)/拟合公差(F)]<起点切向>：继续指定任意多的点，完毕后按 Enter 键结束，将提示选择切线方向
指定起点切向：指定起点切线方向
指定端点切向：指定终点切线方向
```

各选项功能如下。

（1）对象(O)：将已存在的拟合样条曲线多段线转换为等价的样条曲线。

（2）第一个点：定义样条曲线的起始点。

（3）下一点：样条曲线定义的一般点。

（4）闭合(C)：样条曲线首尾相连成封闭曲线。

（5）拟合公差(F)：定义拟合时的公差大小，来控制曲线与点的拟合程度。例如，指定拟合公差<0.0000>；输入样条曲线的拟合公差或按 Enter 键使用默认值 0.0000。

（6）起点切向：定义起点处的切线方向。

（7）端点切向：定义端点处的切线方向。

（8）放弃(U)：该选项不在提示中出现，可以输入"U"取消上一段曲线。

四、任务实施

1. 创建图形文件

利用"新建"命令，创建一个新的图形文件。

2. 设置绘图环境

设置绘图环境前面已介绍，这里不再赘述。

3．绘制图形

（1）绘制中心线。

调用"直线"命令，绘制出水平中心线和垂直中心线，结果如图 2-74 所示。

（2）绘制伞面。

调用"圆弧"命令，命令行提示：

```
命令：-a↙
指定圆弧的起点或[圆心(C)]:                    //选择 A 点
指定圆弧的第二个点或[圆心(C)/端点（E）]:        //选择 C 点
指定圆弧的端点：                               //选取 B 点
```

结果如图 2-75 所示。

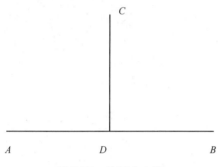

图 2-74　绘制中心线

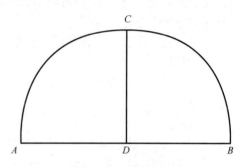

图 2-75　绘制伞面

（3）绘制伞边缘。

调用"样条曲线"命令，命令行提示：

```
命令：-spline
指定第一个点或[对象(O)]:       //选择 A 点指定起点
指定下一点：                   //指定另一个点
指定下一点或[闭合(C)/拟合公差(F)]<起点切向>:↙   //继续指定任意多的点，按 Enter 键
指定起点切向：                 //指定起点切线方向
指定端点切向：                 //指定终点切线方向
```

结果如图 2-76 所示。

（4）调用"圆弧"命令，利用三点画弧，绘制伞骨，如图 2-77 所示。

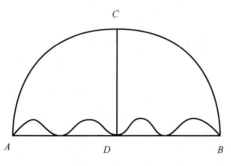

图 2-76　绘制伞边缘

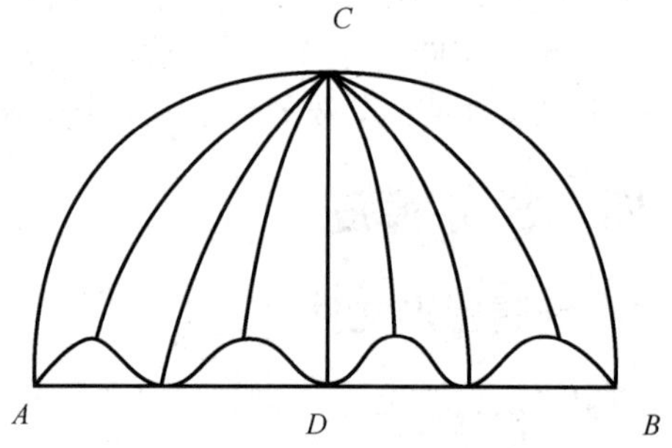

图 2-77　绘制伞骨

（5）绘制伞顶与伞柄部分。

调用"多段线"命令，命令行提示：

> 命令：_pline
> 指定起点：（指定多段线的起点）　　　　　　　　　　　　　//选择 C 点
> 当前线宽为 0.0000（系统提示）　　　　　　　　　　　　　//系统提示
> 指定下一点或[圆弧(A)/半宽(H)/长度(L)/放弃(U)/宽度(W)]：w↙　//选择宽度选项
> 指定起点宽度<0.0000>：4↙　　　　　　　　　　　　　　//指定底部宽度
> 指定端点宽度<0.0000>：1↙　　　　　　　　　　　　　　//指定顶部宽度
> 指定下一点或[圆弧(A)/半宽(H)/长度(L)/放弃(U)/宽度(W)]：9　//鼠标指针上移确定高度

重复执行"多段线"命令，命令行提示：

> 命令：_pline
> 指定起点：（指定多段线的起点）　　　　　　　　　　　　　//选择 D 点
> 当前线宽为 0.0000（系统提示）　　　　　　　　　　　　　//系统提示
> 指定下一点或[圆弧(A)/半宽(H)/长度(L)/放弃(U)/宽度(W)]：w↙　　　//选择宽度选项
> 指定起点宽度<0.0000>：2↙　　　　　　　　　　　　　　//指定伞柄部起点宽度
> 指定端点宽度<0.0000>：2↙　　　　　　　　　　　　　　//指定伞柄部端点宽度
> 指定下一点或[圆弧(A)/半宽(H)/长度(L)/放弃(U)/宽度(W)]：
> 　　　　　　　　　　//鼠标指针下移适当长度确定伞柄直线部分长度
> 指定下一点或[圆弧(A)/半宽(H)/长度(L)/放弃(U)/宽度(W)]：a　　　//选择圆弧选项
> 指定圆弧的端点或[角度(A)/圆心(CE)/闭合(CL)/方向(D)/
> 半宽(H)/直线(L)/半径(R)/第二个点(S)/放弃(U)/宽度(W)]：
> 　　　　　　　　　　//移动鼠标指针确定圆弧的大小
> 指定下一点或[圆弧(A)/半宽(H)/长度(L)/放弃(U)/宽度(W)]：↙
> //按 Enter 键结束多段线命令

去掉多余图线，完成全图，如图 2-78 所示。

图 2-78　绘制伞顶与伞柄部分

4．保存图形文件

在"标准"工具栏中单击"保存"按钮，保存图形文件。

绘制平面图形（二）

　　如图 2-79 所示，绘制平面图形。通过本例学习"定数等分点""定距等分点"及"修改点样式"的方法。

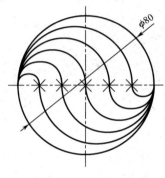

图 2-79　平面图形

一、"点"命令

1．设置点样式

　　在 AutoCAD 中可根据需要设置点的形状和大小，即设置点样式。

　　激活命令的方法如下。

　　（1）菜单栏：执行"格式"→"点样式"命令。

　　（2）命令行：在命令行中输入"DDPTYPE"命令，按 Enter 键。

　　激活命令后，弹出如图 2-80 所示的"点样式"对话框。在该对话框中，共有 20 种不同类型的点样式，用户可根据需要选择点的类型，设定点的大小。可以在"点大小"其后边的文本框中输入数值，数值越大点越大，反之越小。输入点大小百分比，该百分比可以是相对于屏幕的大小，也可以设置成绝对单位大小。单击"确定"按钮后，系统自动采用新的设定重新生成图形。

2．画点

　　利用"点"命令可以在指定位置绘制一个或多个点。

　　激活命令的方法如下。

　　①菜单栏：执行"绘图"→"点"→"单点"或"多点"命令，"点"命令子菜单如图 2-81 所示。

　　②工具栏：在"绘图"工具栏中单击"点"图标 ▪。

　　③命令行：在命令行中输入 POINT 或 PO，按 Enter 键。

　　（1）单点。用于绘制单个点，绘制单个点后命令自动结束。

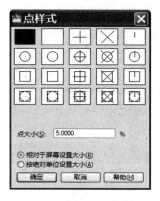

图 2-80 "点"样式对话框

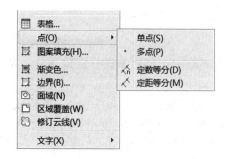

图 2-81 "点"命令子菜单

激活命令的方法如下。

① 菜单栏：执行"绘图"→"点"→"单点"命令。

② 命令行：在命令行中输入"POINT"或"PO"，按 Enter 键。

激活命令后，命令行提示如下。

```
命令：_point
当前点模式： PDMODE=3  PDSIZE=0.0000
指定点： (输入一个点)
```

（2）多点。一次命令调用，可连续绘制多个点，按 Esc 键才会结束。

激活命令的方法如下。

① 菜单栏：执行"绘图"→"点"→"多点"命令。

② 命令行：在命令行中输入"POINT"或"PO"命令，按 Enter 键。

激活命令后，命令行提示：

```
命令：_point
当前点模式： PDMODE=3  PDSIZE=0.0000
指定点： (输入一个点)
```

输入一个点后，系统会连续出现"指定点"提示，可以连续绘制多个点，按 Esc 键结束命令。

（3）定数等分。按给定线段数目等分指定的对象，并且在各个等分点处绘制点标记或块对象。可以进行定数等分的对象包括直线、圆弧、圆、椭圆、椭圆弧、多段线和样条曲线。

激活命令的方法如下。

① 菜单栏：执行"绘图"→"点"→"定数等分"命令。

② 命令行：在命令行中输入"DI VIDE"或"DIV"命令，按 Enter 键。

激活命令后，命令行提示：

```
命令：divide ✓
选择要定数等分的对象：        //单击需要进行定数等分的对象
输入线段数目或[块(B)]：       //输入等分线段或输入"B"，使用"块"选项
```

各选项功能如下。

① 输入线段数目：默认选项，用于输入等分段数（2～32767），并且在各个等分点处绘制标记，如图 2-82 所示。

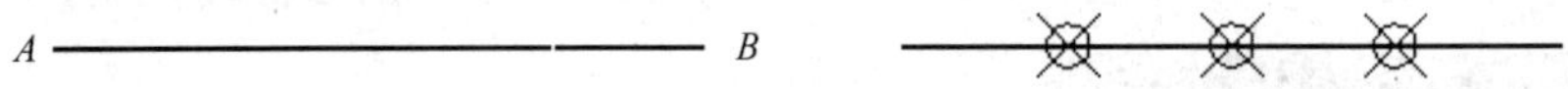

A ———————————— B ⊗   ⊗   ⊗

(a) 等分前   (b) 等分后

图 2-82   "定数等分"示例

② 块(B)：将对象进行定数等分，并且在各个等分点处插入块对象。输入"B"后操作和提示如下。

a. 输入要插入的块名：输入将要插入的块的名称。

b. 是否对齐块和对象? [是(Y)/否(N)] <Y>: (按 Enter 键使用[是]选项或输入"N"使用[否]选项。

c. 输入线段数目：输入等分段数。

d. 输入"是"选项，在插入块时将使块自动旋转到与对象对齐；输入"否"选项，在插入块时不旋转块与对象对齐。

提示：有关"块"的介绍详见后面章节。

例：把线段 AB 等分为 4 等分，命令行提示：

```
命令: - divide
选择要定数等分的对象:          // 单击线段 AB
输入线段数目或块（B）: 4↙      // 输入等分的数目 4
```

（4）定距等分

按给定的距离等分指定的对象，并且在各个等分点处绘制点标记或块对象。

激活命令的方法如下。

① 菜单栏：执行"绘图"→"点"→"定距等分"命令。

② 命令行：在命令行中输入"MEASUR"或"ME"命令，按 Enter 键。

激活命令后，命令行提示：

```
命令: -me ↙
选择要定距等分的对象:           // 单击需要进行定距等分的对象
输入线段长度或[块(B) ]:         // 输入等分间距或输入"B"，使用"块"选项
```

各选项功能如下。

① 输入线段长度：用于输入等分间距值，并且在各个等分点处绘制点标记。

② 块(B)：将对象按给定间距进行等分，并且在各个等分点处插入块对象。该选项的操作方法类似于"定数等分"中的对应选项。

二、任务实施

1. 创建图形文件

利用"新建"命令，创建一个新的图形文件。

2. 设置绘图环境

设置绘图环境前面已介绍，这里不再赘述。

3．绘制图形

（1）绘制中心线。

将"点画线"图层设为当前图层，调用"直线"命令，绘制出水平中心线和垂直中心线，长度为 80mm，结果如图 2-83 所示。

（2）画圆。

将"粗实线"图层设为当前图层，调用"圆"命令画直径为 80mm 的圆，如图 2-84 所示。

图 2-83　绘制中心线

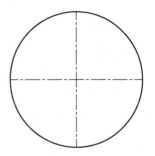

图 2-84　绘制圆

（3）等分线段。

将"粗实线"图层设为当前图层，执行"绘图"→"点"→"定数等分"命令，命令行提示：

```
命令：-div ↙
选择要定数等分的对象：              //单击水平中心线
输入线段数目或[块(B)]：  6          //输入等分数目
```

结果如图 2-85 所示。

（4）画圆弧部分。

调用"多段线"命令，命令行提示：

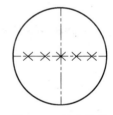

图 2-85　等分线段

```
命令：pline
指定起点：（指定多段线的起点）        //选择 A 点
当前线宽为 0.0000（系统提示）        //系统提示
指定下一点或[圆弧(A)/半宽(H)/长度(L)/放弃(U)/宽度(W)]：a↙    //选择圆弧选项
指定圆弧的端点或[角度(A)/圆心(CE)/闭合(CL)/方向(D)/
半宽(H)/直线(L)/半径(R)/第二个点(S)/放弃(U)/宽度(W)]：d       //选择方向选项
指定圆弧的起点切向：                //移动鼠标指针自 A 点垂直向上任一位置后确定
指定圆弧的端点：                    //指定 1 点
指定圆弧的端点或[角度(A)/圆心(CE)/闭合(CL)/方向(D)/
半宽(H)/直线(L)/半径(R)/第二个点(S)/放弃(U)/宽度(W)]：       //指定 B 点
指定圆弧的端点或[角度(A)/圆心(CE)/闭合(CL)/方向(D)/半宽(H)/直线(L)/半径(R)/第二
个点(S)/放弃(U)/宽度(W)]：d          //选择方向选项
指定圆弧的起点切向：                //移动鼠标指针自 B 点垂直向下任一位置后确定
指定圆弧的端点：                    //指定 5 点
指定圆弧的端点或[角度(A)/圆心(CE)/闭合(CL)/方向(D)/半宽(H)/直线(L)/半径(R)/第二
个点(S)/放弃(U)/宽度(W)]：          //指定 A 点
```

重复上面的步骤，按 Enter 键结束，结果如图 2-86 所示。

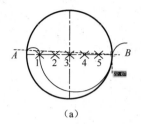

（a）

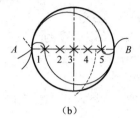

（b）

图 2-86 画圆弧部分

（5）修整图形拉长中心线到合适位置，完成全图，如图 2-87 所示。

4．保存图形文件

在"标准"工具栏中单击"保存"按钮，保存图形文件。

图 2-87 完成图

任务八 绘制棘轮平面图形

如图 2-88 所示，绘制棘轮平面图形，通过本例学习"矩形阵列"和"环形阵列"命令的应用方法。

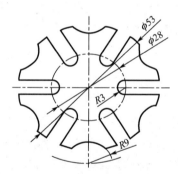

图 2-88 棘轮平面图形

一、"阵列"命令

利用"阵列"命令可以将指定对象以矩形或环形排列方式进行复制，如果用户在构造阵列时选择了多个对象，则系统在复制和排列过程中将把这些对象视为一个整体进行处理。

激活命令的方法如下。

（1）菜单栏：执行"修改"→"阵列"命令。

（2）工具栏：在"修改"工具栏中单击"阵列"图标 ⊞。

（3）命令行：在命令行中输入"ARRAY"或"AR"，按 Enter 键。

激活命令后，将弹出"阵列"的对话框，可在该对话框中选择矩形阵列或环形阵列，"矩形阵列"对话框如图 2-89 所示。

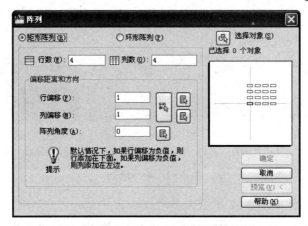

图 2-89　"矩形阵列"对话框

（1）"选择对象"按钮：单击该按钮返回到绘图屏幕，供用户选择阵列对象。选择完毕返回到"矩形阵列"对话框，在该按钮下方提示已选择多少个对象。

① 行数：阵列的总行数，右侧图形示意设定效果。

② 列数：阵列的总列数，右侧图形示意设定效果。

（2）偏移距离和方向。

① 行偏移：输入行和行之间的间距，如果为负值，行向下复制。

② 列偏移：输入列和列之间的间距，如果为负值，列向左复制。

③ 阵列角度：设置阵列旋转的角度。默认值为 0，即和 UCS 的 X 和 Y 平行。

（3）"确定"按钮：按照设定参数完成阵列。

（4）"取消"按钮：放弃阵列设定。

（5）"预览"按钮：预览设定效果。

1．矩形阵列

矩形阵列能将选定的对象按指定的行数和行间距、列数和列间距作矩形排列复制，如图 2-90 所示。

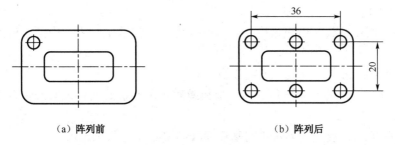

（a）阵列前　　　　　　　　　　　　（b）阵列后

图 2-90　矩形阵列

2．环形阵列

环形阵列能将选定的对象绕一个中心点作圆形或扇形排列复制，如图 2-91 所示。

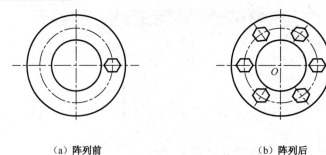

（a）阵列前   （b）阵列后

图 2-91   环形阵列

"环形阵列"对话框如图 2-92 所示。

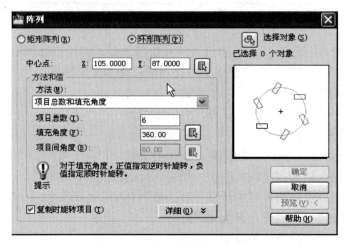

图 2-92   "环形阵列"对话框

（1）"选择对象"按钮：单击该按钮返回到绘图屏幕，供用户选择阵列对象。选择完毕返回到"环形阵列"对话框，在该按钮下方提示已选择多少个对象。

（2）中心点：设定环形阵列的中心。也可以通过"拾取中心点"按钮在屏幕上指定中心点，所取值自动填入中心点后的 X 和 Y 文本框。

（3）方法和值。

① 方法：项目总数、填充角度、项目间角度三个参数中只需使用两个就足以确定阵列方法。

② 项目总数：设置阵列结果的对象数目。

③ 填充角度：通过定义阵列中第一个和最后一个元素的基点之间的包含角来设置阵列大小。

④ 项目间角度：设置阵列对象的基点和阵列中心之间的包含角。

（4）复制时旋转项目：复制阵列的同时将对象旋转。

（5）"详细"按钮：切换是否显示"对象基点"设置参数。

（6）"确定"按钮：按照设定参数完成阵列。

（7）"取消"按钮：放弃阵列设置。

（8）"预览"按钮：预览设定效果。

二、任务实施

1. 创建图形文件

利用"新建"命令，创建一个新的图形文件。

2. 设置绘图环境

设置绘图环境前面已介绍，这里不再赘述。

3. 绘制图形

（1）绘制中心线。将"点画线"图层设为当前图层，调用"直线"命令，绘制中心线，调用"圆"指令，绘制三个定位圆，如图 2-93 所示。

（2）绘制棘轮圆。将"粗实线"图层设为当前图层。

① 调用"圆"命令，绘制 $R3$ 的圆。

② 调用"直线"命令，绘制上下两条水平线，如图 2-94 所示。

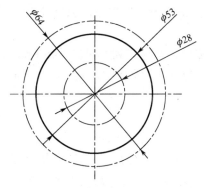

图 2-93　绘制中心线、定位圆

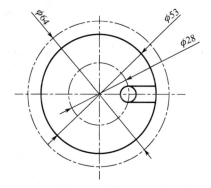

图 2-94　绘制棘轮圆

操作步骤如下。

选择"绘图"→"直线"命令，命令行提示：

```
命令：_line
指定第一点：                    //指定 R3 的圆的象限点
指定下一点或［放弃(U)］：         //选取与φ53 的圆的交点
```

重复绘制第二条水平线。

（3）绘制棘轮圆弧。绘制 $R9$ 的圆，如图 2-95 所示。

操作步骤如下。

单击"绘图"工具栏上的"圆"按钮，命令行提示：

```
命令：_circle
指定圆的圆心或［三点(3P)/两点(2P)/相切、相切、半径(T)］：    //选取φ64 圆与竖直中
                                                        心线交点为圆心
指定圆的半径或 ［直径(D)］ <3.00>： 9                      //输入 9，按 Enter 键
```

（4）修剪棘轮槽和棘轮圆弧。利用"修剪"命令，修剪棘轮槽和棘轮圆弧，如图 2-96 所示。

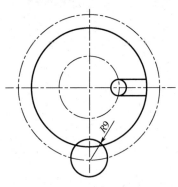

图 2-95　绘制棘轮圆弧

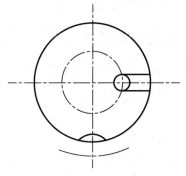

图 2-96　修剪棘轮槽和棘轮圆弧

（5）阵列棘轮槽和棘轮圆弧。利用"阵列"命令，阵列棘轮槽和棘轮圆弧。

阵列的步骤如下。

① 单击"修改"工具栏中的"阵列"按钮 ▦（或选择"修改"菜单中选择"阵列"选项），弹出如图 2-92 所示的窗口。

② 在窗口中选中"环形阵列"单选按钮，单击"拾取中心"按钮，返回绘图窗口，并在图中拾取阵列中心点 O。

③ 在窗口中单击"选择对象"按钮，返回绘图窗口，选择阵列的对象并按 Enter 键。

④ 在窗口中输入阵列中"项目总数"为 6（其中包含源对象），输入阵列要填充角度为 360°。

⑤ 单击"预览"按钮查看结果。

⑥ 按 Enter 键，即按对象的排列顺序旋转对象，阵列结果如图 2-97 所示。

（6）修剪阵列后的图形。利用"修剪"和"删除"命令，修剪阵列后的图形，完成图如图 2-98 所示。

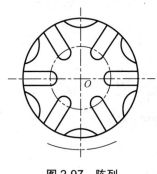

图 2-97　阵列

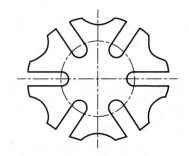

图 2-98　完成图

4．保存图形文件

在"标准"工具栏中单击"保存"按钮，保存图形文件。

任务九 绘制组合平面图形（二）

绘制如图 2-99 所示的组合平面图形，通过本例学习"旋转"和"对齐"命令的应用。

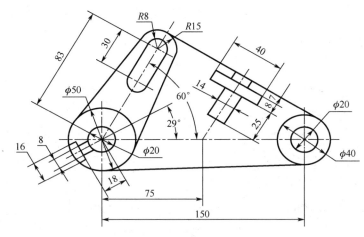

图 2-99 组合平面图形

一、"旋转"命令

"旋转"命令可以将某一对象旋转一个指定角度或参照一个对象进行旋转。

激活命令的方法如下。

（1）菜单栏：执行"修改"→"旋转"命令。

（2）工具栏：在"修改"工具栏中单击"修改"图标 ○。

（3）命令行：在命令行中输入"ROTATE"命令，按 Enter 键。

激活命令后，命令行提示：

```
命令: _rotate
UCS 当前的正角方向: ANGDIR=逆时针 ANGBASE=0
选择对象: ✓
指定基点:
指定旋转角度, 或 [复制(C)/参照(R)] <0>:
指定旋转角度, 或 [复制(C)/参照(R)] <0>: R✓
指定参照角 <0>:
指定新角度或 [点(P)] <0>:
```

各选项功能如下。

（1）选择对象：选择欲旋转的对象。

（2）指定基点：指定旋转的基点。

（3）指定旋转角度：直接输入一个要旋转的角度。当角度为正时绕基点（旋转中心）逆时针旋转，当角度为负时绕基点（旋转中心）顺时针旋转，如图 2-100 所示。

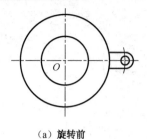 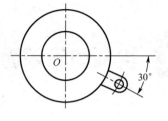

（a）旋转前　　　　　　　　　　　　（b）绕点 O 旋转 -30° 后

图 2-100　指定角度旋转对象

（4）复制(C)：旋转并复制源对象，如图 2-101 所示。

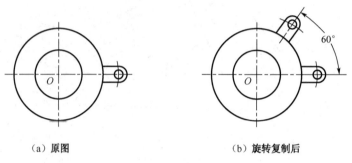

（a）原图　　　　　　　　　　　　（b）旋转复制后

图 2-101　旋转并复制对象

（5）参照(R)：将对象从指定的角度旋转到新的绝对角度，如图 2-102 所示。

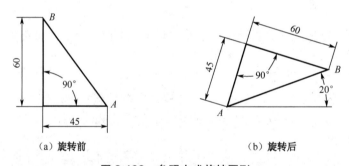

（a）旋转前　　　　　　　　　　　　（b）旋转后

图 2-102　参照方式旋转图形

（6）指定参照角<0>：如果采用参照方式，则指定参照角。

（7）指定新角度或[点(P)]<0>：定义新的角度，或者通过指定两点来确定角度。

二、"对齐"命令

在绘图中，有时需要将对象与另一个对象对齐。前者是要变动的对象，称为源对象，后者是不动的对象，称为目标对象。"对齐"命令可以将选定对象移动、旋转或倾斜，使之与另一个对象对齐，如图 2-103 所示。

激活命令的方法如下。

（1）菜单栏：执行"修改"→"三维操作"→"对齐"命令。

（2）命令行：在命令行中输入"ALIGN"或"AL"命令，按 Enter 键。

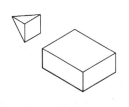
（a）原图

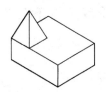
（b）源点与对齐点

（c）对齐后

图 2-103 "对齐"命令应用（三维空间移动和旋转选定对象）

激活命令后，命令行提示：

```
命令: -align
选择对象:
指定第一个源点:
指定第一个目标点:
指定第二个源点:
指定第二个目标点:
指定第三个源点或<继续>:
指定第三个目标点:
```

各选项功能如下。

（1）选择对象：选择欲对齐的对象。

（2）指定第一个源点：指定第一个源点，即将被移动的点。

（3）指定第一个目标点：指定第一个目标点，即第一个源点的目标点。

（4）指定第二个源点：指定第二个源点，即将被移动的第二个点。

（5）指定第二个目标点：指定第二个目标点，即第二个源点的目标点。

（6）继续：继续执行"对齐"命令，终止源点和目标点的选择。

（7）是否基于对齐点缩放对象：确定长度不一致时是否缩放。如选择否，则不缩放，保证第一点重合，第二点在同一个方向上，如图 2-104（b）所示。如果选择是，则通过缩放使第一点和第二点均重合，如图 2-104（c）所示。

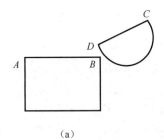
（a）

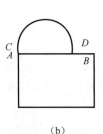
（b）

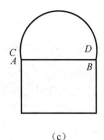
（c）

图 2-104 "对齐"命令执行结果

三、任务实施

1. 创建图形文件

利用"新建"命令，创建一个新的图形文件。

2．设置绘图环境

设置绘图环境前面已介绍，这里不再赘述。

3．绘制图形

（1）将"点画线"图层设为当前图层，调用"直线"命令，绘制中心线，如图 2-105 所示。

（2）将"粗实线"图层设为当前图层，调用"圆"命令，绘制 ϕ50、ϕ40、R15 的圆各一个，ϕ20 的圆两个，如图 2-106 所示。

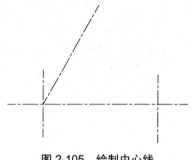

图 2-105 绘制中心线

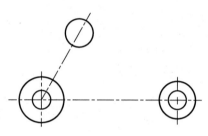

图 2-106 绘制圆

（3）绘制切线及倾斜的中心线，如图 2-108 所示。

（4）用"直线"命令配合"极轴""对象追踪"在 ϕ20 的圆的正左方绘制倾斜部分 A，如图 2-108 所示。

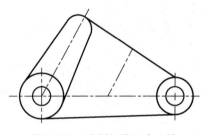

图 2-107 绘制切线及中心线

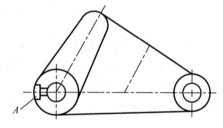

图 2-108 绘制图形 A

（5）用"旋转"命令，将图形 A 旋转 29°。

```
命令：_rotate
UCS 当前的正角方向： ANGDIR=逆时针 ANGBASE=0
选择对象：                              //选择图形 A 结束对象选择
指定基点：                              //选择φ20 圆心
指定旋转角度，或[复制(C)/参照(R)] <0>：c   //选择"复制"选项
指定旋转角度，或[复制(C)/参照(R)] <0>：29   //输入旋转角度，按 Enter 键结束
```

（6）在图形外绘制倾斜部分 B 和 C，如图 2-110 所示。

（7）利用"对齐"命令将倾斜部分 B 对齐到图形中

```
命令：-align
选择对象：
指定第一个源点：      指定 1 点
```

指定第一个目标点：	指定 1 ' 点
指定第二个源点：	指定 2 点
指定第二个目标点：	指定 2 ' 点

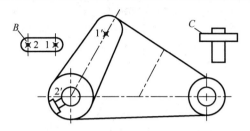

图 2-109　旋转图形 A，绘制图形 B、C

结果如图 2-110 所示。

（8）利用"对齐"命令将倾斜部分 C 对齐到图形中（方法同上），结果如图 2-111 所示。

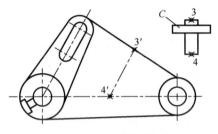

图 2-110　对齐图形 B

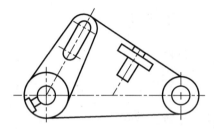

图 2-111　对齐图形 C

（9）修剪并删除多余图线，画倾斜部分 A 的中心线，用"拉长"命令修改倾斜部分 C 的中心线及水平中心线，完成全图。

4．保存图形文件

在"标准"工具栏中单击"保存"按钮，保存图形文件。

任务十　绘制吊钩平面图形

一、图形分析

绘制如图 2-112 所示的图形，应首先分析线段类型。

已知线段：钩柄部分的直线和钩子弯曲中心部分的 $\phi40$、$R48$ 圆弧；

中间线段：钩子尖部分的 $R23$、$R40$ 圆弧；

连接线段：钩尖部分圆弧 $R4$、钩柄部分过渡圆弧 $R40$、$R60$。

绘图基准是图形的中心线。

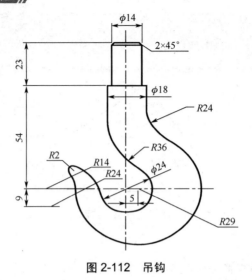

图 2-112　吊钩

二、任务实施

1．创建图形文件

利用"新建"命令，创建一个新的图形文件。

2．设置绘图环境

设置绘图环境前面已介绍，这里不再赘述。

3．绘制图形

（1）绘制垂直中心线 *AB* 和水平中心线 *CD*。

将"点画线"图层设为当前图层，调用"直线"命令，在屏幕中上部单击，确定点，绘制出垂直中心线 *AB*。

在合适的位置绘制出水平直线 *CD*，如图 2-113 所示。

（2）绘制吊钩柄部直线。

① 柄的上部直径为 14，下部直径为 18，可以用中心线向左右分别偏移的方法获得轮廓线，钩子的水平端面线也可以用偏移水平中心线的方法获得。

在偏移的过程中，偏移所得到的直线均为"点画线"，选择刚刚偏移所得到的直线 *JK*、*MN* 及 *QR*、*OP*、*EF*、*GH*。

② 然后打开"图层"工具栏中图层的列表，在列表框中的"粗实线"图层上单击，再按 Esc 键，将复制出的图线改变到"粗实线"图层上，结果如图 2-114 所示。

③ 修剪图线至正确长短。

（3）吊钩柄部倒角。

① 在"修改"工具栏中单击"倒角"按钮，调用"倒角"命令，设置当前倒角距离为 1 和 2 的值均为 2 个单位，将直线 *GH* 与 *JK*、*MN* 倒 45° 角。

```
命令：_chamfer
("修剪"模式)  当前倒角距离 1 =0.0000, 距离 2 = 0.0000
```

选择第一条直线或［放弃（U）/多段线（P）/距离（D）/角度（A）/修剪（T）/方式（E）/多个（M）］：d　　　//设置倒角距离

　　指定第一个倒角距离 <2.0000>：2

　　指定第二个倒角距离 <2.0000>：2

　　选择第一条直线或［放弃（U）/多段线（P）/距离（D）/角度（A）/修剪（T）/方式（E）/多个（M）］：m　　　//设置多次倒角

　　选择第一条直线或［放弃（U）/多段线（P）/距离（D）/角度（A）/修剪（T）/方式（E）/多个（M）］：　　　//选择 *GH*

　　选择第二条直线，或按住 Shift 键选择要应用角点的直线：

　　　　　　　//选择 *JK*

　　选择第一条直线或［放弃（U）/多段线（P）/距离（D）/角度（A）/修剪（T）/方式（E）/多个（M）］：　　　//选择 *GH*

　　选择第二条直线，或按住 Shift 键选择要应用角点的直线：

　　　　　　　//选择 *MN*

　　选择第一条直线或［放弃（U）/多段线（P）/距离（D）/角度（A）/修剪（T）/方式（E）/多个（M）］：↙　　　//结束命令

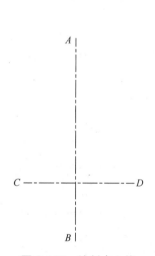

图 2-113　绘制中心线

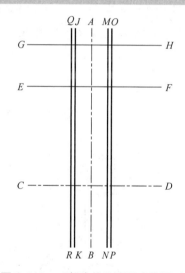

图 2-114　"粗实线"图层上的图形

　　再设置当前倒角距离 1 和 2 的值均为 0，将直线 *FF* 与 *QR*、*OP* 倒直角。完成的图形如图 2-115 所示。

　　② 在"修改"工具栏中单击"修剪"按钮，调用"修剪"命令，以 *EF* 为剪切边界，修剪掉 *JK*、*MN* 直线的下部。

　　③ 调整线段的长短。在"修改"工具栏中单击"打断"按钮，调用"打断"命令，将 *QR*、*OP* 直线下部剪掉。完成图形如图 2-116 所示。

　　（4）绘制已知线段。

　　① 将"粗实线"图层作为当前图层，调用"直线"命令，启动对象捕捉功能，绘制直线 *ST*。

　　② 调用"圆"命令，以直线 *AB*、*CD* 的交点 O_1 为圆心，绘制直径为 $\phi40$ 的已知圆。

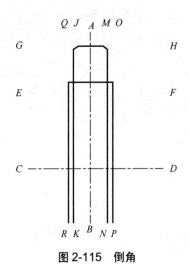

图 2-115　倒角

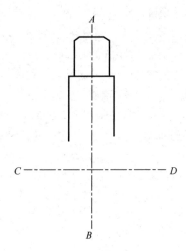

图 2-116　修剪、打断

③ 确定半径为 29 的圆的圆心。调用"偏移"命令，将直线 AB 向右偏移 5 个单位，再将偏移后的直线调整到合适的长度，该直线与直线 CD 的交点为 O_2。

调用"圆"命令，以交点 O_2 为圆心，绘制半径为 29 的圆。完成的图形如图 2-117 所示。

（5）绘制连接圆弧 R24 和 R36。

在"修改"工具栏中单击"圆角"按钮，调用"圆角"命令，设定圆角半径为 24，在直线 OP 上单击作为第一个对象，在半径为 R29 圆的右上部单击，作为第二个对象，完成 R24 圆弧连接。

同理以 R36 为半径，完成直线 QR 和直径为 $\phi 24$ 圆的圆弧连接，结果如图 2-118 所示。

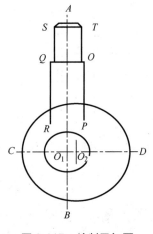

图 2-117　绘制已知圆

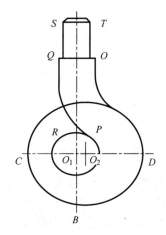

图 2-118　绘制连接圆弧

（6）绘制钩尖半径为 R24 的圆弧.

因为 R24 圆弧的圆心纵坐标轨迹已知（距 CD 直线向下为 9 的直线上），另一坐标未知，所以属于中间圆弧。又因该圆弧与直径为 $\phi 24$ 的圆相外切，可以用外切原理求出圆心坐标轨迹。两圆心轨迹的交点即是圆心点。

① 确定圆心。调用"偏移"命令，将 CD 直线向下偏移 9 个单位，得到直线 XY。再调用"偏移"命令，将直径为 $\phi 24$ 的圆向外偏移 24 个单位，得到与 $\phi 24$ 相外切的圆的圆心轨迹。

该圆与直线 *XY* 的交点 O_3 为连接弧圆心。

② 绘制连接圆弧。调用"圆"命令,以 O_3 为圆心,绘制半径为 24 的圆,结果如图 2-119 所示。

(7)绘制钩尖处半径为 *R*14 的圆弧。

因为 *R*14 圆弧的圆心在直线 *CD* 上,另一坐标未知,所以该圆弧属于中间圆弧。又因该圆弧与半径为 *R*29 的圆弧相外切,可以用外切原理求出圆心坐标轨迹。同前面一样,两圆心轨迹的交点即是圆心点。

① 调用"偏移"命令,将半径为 29 的圆向外偏移 14 个单位,得到与 *R*29 相外切的圆的圆心轨迹。该圆与直线 *CD* 的交点 O_4 为连接弧圆心。

② 调用"圆"命令,以 O_4 为圆心,绘制半径为 *R*14 的圆,结果如图 2-120 所示。

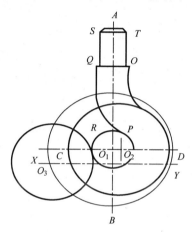

图 2-119 绘制连接圆弧 *R*24

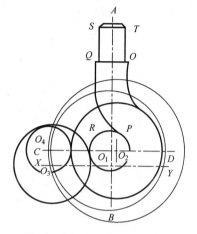

图 2-120 绘制连接圆弧 *R*14

(8)绘制钩尖处半径为 *R*2 的圆弧

*R*2 圆弧与 *R*14 圆弧相外切,同时又与 *R*24 的圆弧相内切,因此可以用"圆角"命令绘制。

调用"圆角"命令,给出圆角半径为 2,在半径为 *R*14 圆的右偏上位置单击,作为第一个圆角对象;在半径为 *R*24 圆的右偏上位置单击,作为第二个圆角对象,结果如图 2-121 所示中的波浪线部分。

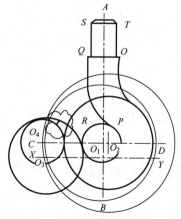

图 2-121 绘制连接圆弧 *R*2

（9）编辑修剪图形。

① 删除两个辅助圆。

② 修剪各圆和圆弧为合适的长短。

③ 绘制吊钩柄部下端的圆角 R3.5。

④ 用打断的方法调整中心线的长度，完成的图形如图 2-122 所示。

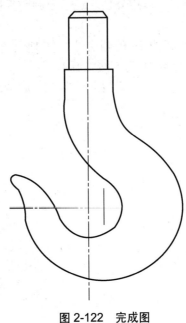

图 2-122　完成图

4．保存图形文件

在"标准"工具栏中单击"保存"按钮，保存图形文件。

项目三
三视图的绘制

 知识目标

1. 掌握绘制三视图的方法。
2. 掌握"构造线""射线""复制""移动"命令的使用。
3. 掌握"拉伸""缩放""合并"命令的使用。
4. 掌握图案填充的方法及编辑方法。

技能目标

1. 能利用辅助线法、对象捕捉追踪法绘制三视图。
2. 能利用 45°度辅助线、复制和旋转俯视图作为辅助图形等方法绘制左视图。

任务一 绘制三视图（一）

绘制如图 3-1 所示的三视图，通过本例，学习"构造线""射线""复制""合并""拉伸""比例缩放"命令的应用。

一、"构造线"命令

"构造线"命令用于绘制通过给定点的双向无限长直线，一般用于绘制辅助线、建筑绘图时的墙线。

激活命令的方法如下。

（1）菜单栏：执行"绘图"→"构造线"命令。

（2）工具栏：在"绘图"工具栏中单击"构造线"按钮 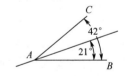。

（3）命令行：在命令行中输入"XLINE"或"XL"命令，按 Enter 键。

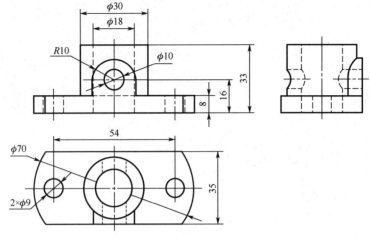

图 3-1　三视图（一）

激活命令后，命令行提示：

> 命令：_xline
> 指定点或 [水平(H)/垂直(V)/角度(A)/二等分(B)/偏移(O)]：

各选项功能如下。

（1）指定点：默认选项，直接指定构造线通过的两个点来确定构造线。

（2）水平(H)：过一点绘制一条双向无限延长的水平线。

（3）垂直(V)：过一点绘制一条双向无限延长的垂直线。

（4）角度(A)：过一点绘制一条某一方向的无限延长的直线。

（5）二等分(B)：绘制平分给定角的无限延长的直线。

（6）偏移(O)：绘制相对于某直线偏移某一距离的一条无限延长的直线。

例如，如图 3-2 所示，绘制角 BAC 的平分线。

操作步骤如下：

图 3-2　构造线绘制角平分线

> 命令：_xline
> 指定点或 [水平(H)/垂直(V)/角度(A)/二等分(B)/偏移(O)]：b　//绘制二等分参照线
> 指定角的顶点：点取顶点 A
> 指定角的起点：点取 B 点
> 指定角的端点：点取 C 点
> 指定角的端点：↙　// 可以继续输入其他点，此时 A、B 点不变，否则按 Enter 键结束

二、"射线"命令

利用"射线"命令可以创建单向无限长的线，与构造线一样，通常作为辅助作图线。

激活命令的方法如下。

（1）菜单栏：执行"绘图"→"射线"命令。

（2）命令行：在命令行中输入"RAY"命令，按 Enter 键。

激活命令后，命令行提示：

> 命令：-ray
>
> 指定起点：
>
> 指定通过点：
>
> 指定通过点：

各选项功能如下。

（1）指定起点：输入射线起点。

（2）指定通过点：输入射线通过点。连续绘制射线则指定通过点，起点不变。按 Enter 键或 Space 键退出射线绘制，如图 3-3 所示。

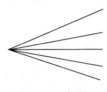

图 3-3　射线

三、"复制"命令

对图形中多个相同的或相近的对象，不论其复杂程度如何，只要完成一个后，便可以通过"复制"命令产生其他若干个图形。"复制"命令可以减轻大量的重复操作。

激活命令的方法如下。

（1）菜单栏：执行"修改"→"复制"命令。

（2）工具栏：在"修改"工具栏中单击"复制"图标 。

（3）命令行：在命令行中输入"COPY"命令，按 Enter 键。

激活命令后，命令行提示：

> 命令：_copy
>
> 选择对象：
>
> 选择对象：
>
> 当前设置：复制模式 = 多个
>
> 指定基点或 [位移(D)/模式(O)] <位移>：o
>
> 输入复制模式选项 [单个(S)/多个(M)] <多个>：
>
> 指定基点或 [位移(D)/模式(O)] <位移>：
>
> 指定第二个点或 <使用第一个点作为位移>：

各选项功能如下。

（1）选择对象：选取欲复制的对象。

（2）基点：复制对象的参考点。

（3）位移(D)：源对象和目标对象之间的位移。

（4）模式(O)：设置复制模式为单个(S)或多个(M)。

（5）指定第二个点：指定第二个点来确定位移，第一个点为基点。

（6）使用第一个点作为位移：在提示输入第二个点时按 Enter 键，则以第一个点的坐标作为位移。

例：如图 3-4（a）所示，将原始图形从 A 点复制到 B 点，结果如图 3-4（b）所示。

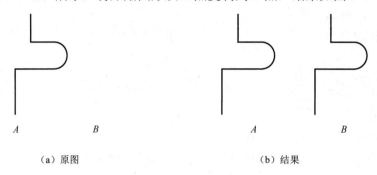

（a）原图   （b）结果

图 3-4　复制对象

操作步骤如下：

```
命令：_copy
选择对象：通过窗口选择对象          //提示选择欲复制的对象
指定对角点：找到 5 个              //全部选择
选择对象：                        //按 Enter 键结束选择
当前设置：复制模式 = 多个
指定基点或 [位移(D)/模式(O)] <位移>：  点取 A 点
指定第二个点或 <使用第一个点作为位移>：点取 B 点
指定第二个点或 <使用第一个点作为位移>：结束复制命令
```

四、"合并"命令

"合并"对象是指将多个对象合并成一个对象。

激活命令的方法如下。

（1）菜单栏：执行"修改"→"合并"命令。

（2）工具栏：在"修改"工具栏中单击"合并"图标 ⊶ 。

（3）命令行：在命令行中输入"JOIN"或"J"，按 Enter 键。

激活命令后，命令行提示：

```
命令：-join
选择源对象：                  //选择如图 3-5（a）所示的图线 1
选择要合并到源的直线：          //选择图线 2
```

已将一条直线合并到源对象，如图 3-5（b）所示。合并圆弧与合并直线的方法相同，如图 3-6 所示。

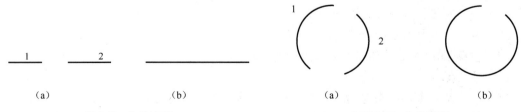

（a）　　　　　　　　　（b）　　　　　　　（a）　　　　　　　　　（b）

图 3-5　合并直线　　　　　　　　　图 3-6　合并圆弧

五、"拉伸"命令

"拉伸"命令可以使用户移动并拉伸对象，可以拉长或缩短对象，并改变它的形状。拉伸的结果依赖于所选取的对象的类型及所选取的方式。该命令可以拉伸直线、圆弧、实体、轨迹线、多段线及三维曲面。对可拉伸的对象而言，如果用户使用交叉窗口进行拉伸，则位于交叉窗口内的端点将会被移动，而位于窗口外的端点将保持不动，而所有端点和顶点都在窗口内的对象将被移动。对于文字、块、形、椭圆和圆而言，当它们的主定义点位于窗口内时可移动，否则它们将不移动，这几类对象均不可拉伸。

激活命令的方法如下。

（1）菜单栏：执行"修改"→"拉伸"命令。

（2）工具栏：在"修改"工具栏中单击"拉伸"图标 [图标]。

（3）命令行：在命令行中输入"STRETCH"或"S"命令，按 Enter 键。

激活命令后，命令行提示：

> 命令：-stretch
>
> 以交叉窗口或交叉多边形选择要拉伸的对象…
>
> 选择对象：（选择要拉伸的对象）
>
> 选择对象：
>
> 指定基点或[位移(D)]<位移>：   //指定基点或给出位移
>
> 指定第二个点或[使用第一个点作为位移]： //如上一步指定了基点，则这一步指定位移的第二个
> 点；如上一步给出了位移，则这一步直接按 Enter 键

六、"比例缩放"命令

"比例缩放"命令使用户可以通过指定比例因子，引用与另一对象间的指定距离，或用这两种方法的组合来改变相对于给定基点的现有对象的尺寸。

激活命令的方法如下。

（1）菜单栏：执行"修改"→"缩放"命令。

（2）工具栏：在"修改"工具栏中单击"缩放"图标 [图标]。

（3）命令行：在命令行中输入"SCALE"或"SC"命令，按 Enter 键。

激活命令后，命令行提示：

> 命令：-scale
>
> 选择对象：   //选择要缩放的对象
>
> 选择对象：   //可继续选择要缩放的对象，选择完毕后，按 Enter 键结束
>
> 指定基点：   //指定基点，即缩放中心
>
> 指定比例因子或[复制(C)/参照(R)] < 1. 0000 > :

各选项功能如下。

（1）"指定比例因子"：直接输入一个正数，比例因子大于 1 时将放大对象；比例因子介于 0 和 1 之间时，将缩小对象。

（2）"复制(C)"：使用"复制"选项缩放对象时，在得到源对象缩放之后的副本时，源对象仍然存在。

（3）"参照(R)"：输入 R 时，后续提示输入对象的当前长度和新长度。这时，实际的比

例因子是对象的新长度除以对象的当前长度。

七、任务实施

1. 创建图形文件

利用"新建"命令，创建一个新的图形文件。

2. 设置绘图环境

设置绘图环境前面已介绍，这里不再赘述。

3. 绘制图形

（1）绘制底板俯视图。

① 绘制中心线及底板ϕ70mm 的圆；利用"自动追踪"功能绘制上下两条水平轮廓线及中心线；以两条水平轮廓线为边界，修剪ϕ70mm 圆多余的圆弧，如图 3-7（a）所示。

② 捕捉上述中心线交点，水平向左追踪 27mm，得到圆心，绘制ϕ9mm 小圆及其中心线，如图 3-7（b）所示。

③ 以中间的垂直中心线为镜像轴，镜像复制ϕ9mm 小圆及其中心线，如图 3-7（c）所示。

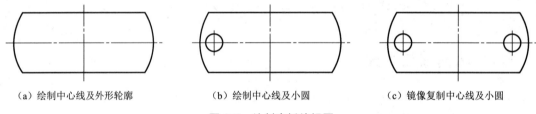

（a）绘制中心线及外形轮廓　　　　（b）绘制中心线及小圆　　　　（c）镜像复制中心线及小圆

图 3-7　绘制底板俯视图

（2）绘制底板主视图。

① 绘制底板外形轮廓线。

调用"直线"命令，命令行提示：

```
命令：_line
指定第一点：    //移动光标至点 A，出现端点标记及提示，向上移动光标至合适位置单击，
               如图 3-8（a）所示
指定下一点或［放弃(U)］：70    //向右移动鼠标，水平追踪，输入 70，按 Enter 键
指定下一点或［放弃(U)］： 8    //向上移动鼠标，垂直追踪，输入 8，按 Enter 键
指定下一点或［放弃(U)］：70    //向左移动鼠标，水平追踪，输入 70，按 Enter 键
指定下一点或［放弃(U)］： c    //闭合图形
```

② 绘制截交线。

利用"对象捕捉追踪"功能绘制主视图上两条垂直截交线，如图 3-8（b）所示。

③ 绘制底板主视图的中心线和转向轮廓线。

用"直线"命令，采用"极轴追踪"的方法绘制底板主视图和对称中心线、底板主视图上左侧ϕ9mm 小圆的中心线和转向轮廓线，再通过变换图层将其改到相应的"点画线"和"虚线"图层上；镜像复制，如图 3-8（c）所示。

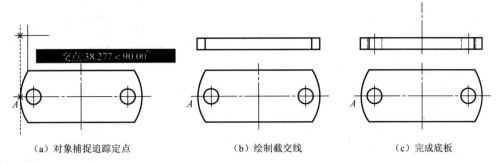

| （a）对象捕捉追踪定点 | （b）绘制截交线 | （c）完成底板 |

图 3-8 绘制底板主视图

（3）绘制俯视图上铅垂圆柱及孔的轮廓线。

在俯视图上捕捉中心线交点作为圆心，绘制铅垂圆柱及孔的俯视图 $\phi30$、$\phi18$ 的圆，如图 3-9（a）所示。

（4）绘制主视图上铅垂圆柱及孔的轮廓线。

采用对象捕捉结合极轴追踪的方法绘制主视图上铅垂圆柱 $\phi30$ 及孔 $\phi18$ 的轮廓线。

① 绘制铅垂圆柱主视图的轮廓线。利用"对象捕捉追踪"功能：移动光标至点 B，出现端点标记及提示，向上移动光标，绘制铅垂圆柱主视图的轮廓线。

② 绘制主视图上 $\phi18$ 孔的轮廓线。用同样的方法绘制 $\phi18$ 孔的主视图的轮廓线，并将其改到"虚线"图层上，如图 3-9（b）所示。

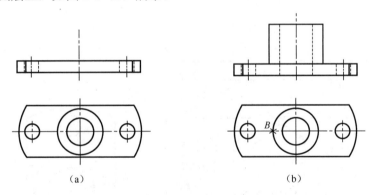

| （a） | （b） |

图 3-9 绘制铅垂圆柱及孔的轮廓线

（5）绘制 U 形凸台及孔的主视图。

① 捕捉追踪主视图底边中点，如图 3-10（a）所示，垂直向上追踪 16，得到圆心，绘制 $\phi20$ 的圆，再绘制 $\phi10$ 的同心圆。

② 绘制 $\phi20$ 的圆的两条垂直切线，如图 3-10（b）所示。

③ 以上述两条切线为剪切边界，修剪 $\phi20$ 圆的下半部分。

④ 绘制 $\phi20$ 圆水平中心线，并将其改到"点画线"图层上，如图 3-10（c）所示。

⑤ 用"打断于点"命令将底板主视图上边在 C 点处打断。用同样方法将底板上边在 D 点处打断，将 CD 线改到"虚线"图层上，完成主视图，如图 3-10（d）所示。

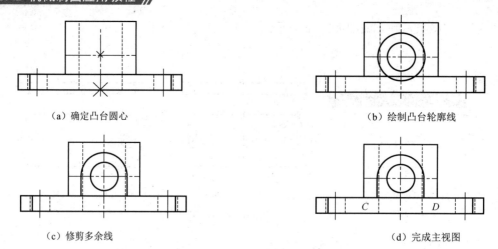

（a）确定凸台圆心　　　　　　　　　　　　　（b）绘制凸台轮廓线

（c）修剪多余线　　　　　　　　　　　　　　（d）完成主视图

图 3-10　绘制 U 形凸台及孔的主视图

（6）绘制 U 形凸台及孔的俯视图。

利用"对象捕捉追踪"功能绘制凸台俯视图轮廓线及孔的转向轮廓线，并将 $\phi 10$ 的孔的转向轮廓线改到"虚线"图层上。

（7）绘制左视图。

① 复制并旋转俯视图至适当位置（旋转时要注意前后方位关系），作为辅助图形，如图 3-11 所示。

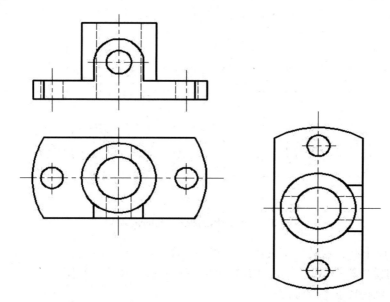

图 3-11　复制和旋转俯视图

② 利用"对象捕捉追踪"功能确定左视图位置，绘制底板和圆柱左视图，如图 3-12 所示。

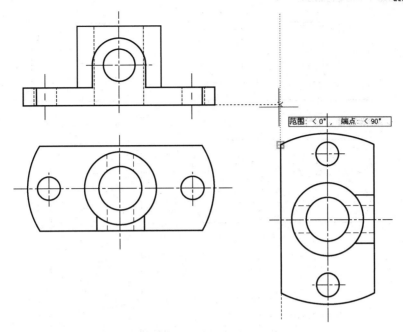

图 3-12　确定底板左视图位置

③ 绘制底板、铅垂圆柱、U 形凸台左视图，如图 3-13 所示。

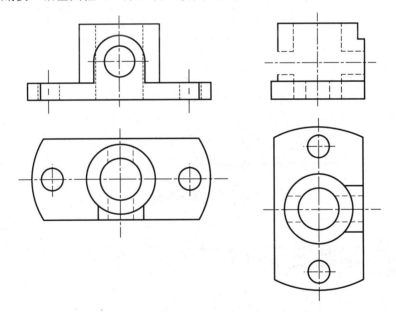

图 3-13　绘制底板、铅垂圆柱、U 形凸台左视图

④ 绘制相贯线，用"圆弧"命令的"起点、端点、半径"完成各相贯线的绘制，如图 3-14 所示。

（8）删除辅助图形，完成全图，如图 3-15 所示。

4．保存图形文件

在"标准"工具栏中，单击"保存"按钮，保存图形文件。

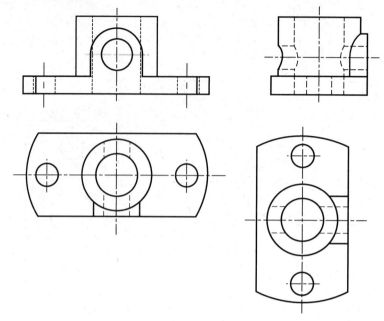

图 3-14　绘制截交线与相贯线

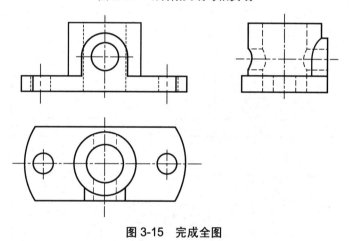

图 3-15　完成全图

任务二　绘制三视图（二）

绘制如图 3-16 所示的三视图，通过本例学习"图案填充"等命令。

一、"图案填充"命令

利用"图案填充"命令，可以将选定的图案填入指定的封闭区域内。机械制图上常用于绘制剖面线。可以使用预定义、自定义和用户定义的填充图案。

激活命令的方法如下。

（1）菜单栏：执行"绘图"→"图案填充"命令。

（2）工具栏：在"绘图"工具栏中单击"图案填充"图标 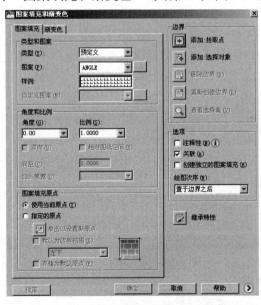。

（3）命令行：在命令行中输入"BHATC H"或"HATC H"或"BH"或"H"命令，按 Enter 键。

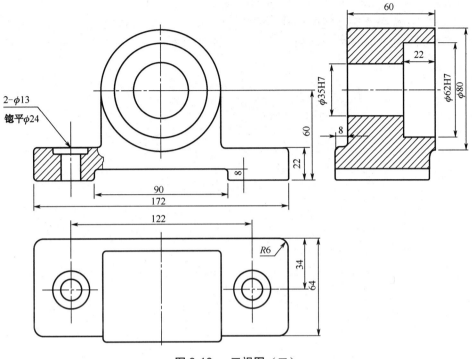

图 3-16　三视图（二）

1."图案填充"的设置

激活命令后，将打开"图案填充和渐变色"对话框，如图 3-17 所示。

图 3-17　"图案填充和渐变色"对话框

（1）"类型和图案"选项组各项功能如下。

① "类型"：提供预定义、用户定义和自定义三种图案类型。预定义是用 AutoCAD 标准图案文件（ACAD.PAT 和 ACADISO.PAT）中的图案填充；用户定义是用户临时定义简单的填充图案；自定义是表示使用用户定制的图案文件中的图案。

② "图案"：选择填充图案的样式。单击文本框后的按钮可弹出如图 3-18 所示的"填充图案选项板"对话框，其中有 ANSI、ISO、"其他预定义"和"自定义"四个选项卡，可从其中选择任意一种预定义图案。

图 3-18 "填充图案选项板"对话框

（2）"角度和比例"选项组各项功能如下。

① "角度"：设置图案填充的倾斜角度，该角度值是填充图案相对于当前坐标系的 X 轴的夹角。

② "比例"：设置填充图案的比例值，它表示的是填充图案线型之间的疏密程度。

③ "双向"：使用用户定义图案时，选择该选项将绘制第二组直线，这些直线相对于初始直线成 90°角，从而构成交叉填充。AutoCAD 将该信息存储在 HPDOUBLE 系统变量中。只有在"类型"选项中选择了"用户定义"时，该选项才可用。

④ "ISO 笔宽"：适用于 ISO 相关的笔宽绘制填充图案，该选项仅在预定义 ISO 模式中被选用。

⑤ "相对图纸空间"：相对于图纸空间单位缩放填充图案。该选项仅用于布局。

（3）"边界"选项组各项功能如下。

在图 3-17 所示的"图案填充和渐变色"对话框中，可以通过"拾取点"和"选择对象"两种方式添加边界。

① "添加：拾取点"边界：单击"边界"选项区中的"拾取点"按钮，返回到绘图区域，单击填充区域内任意一点，如图 3-19（a）所示，然后按 Enter 键。返回"图案填充和渐变色"对话框，单击"确定"按钮，返回到绘图区，剖面线绘制如图 3-19（b）所示。用选点的方式定义填充边界，一般要求边界是封闭的。

② "添加：选择对象"边界：单击"边界"选项区中的"选择对象"按钮，返回到绘图区域，选择对象，如图 3-20（a）所示，然后按 Enter 键。返回"图案填充和渐变色"对话框，单击"确定"按钮，返回到绘图区，剖面线绘制如图 3-20（b）所示。要填充的对象不必构成闭合边界。

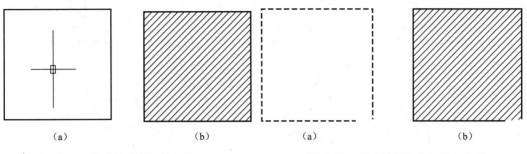

（a）　　　　　　（b）　　　　　　（a）　　　　　　（b）

图 3-19　用"拾取点"添加边界　　　**图 3-20　用"选择对象"添加边界**

③ "删除边界"：从边界定义中删除以前添加的任何对象。如图 3-21（a）所示，先用"拾取点"添加边界的方式选定内部点，根据命令行提示选择"删除边界"选项，拾取如图 3-21（b）所示的小圆，填充结果如图 3-21（c）所示。

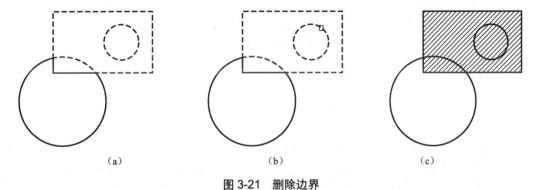

（a）　　　　　　　　（b）　　　　　　　　（c）

图 3-21　删除边界

④ "重新创建边界"：选择图案填充或填充的临时边界对象添加它们。

⑤ "查看选择集"：显示所确定的填充边界。如果未定义边界，则此选项不可用。

（4）"选项"选项组各项功能如下。

① "注释性"：图案填充是按照图纸尺寸进行定义的。

② "关联"：该选项用于控制填充图案与边界是否具有关联性。如果不选中"关联"复选框，当边界发生变化时，填充图案将不随新的边界发生变化，如图 3-22（b）所示。如果选中"关联"复选框，当边界发生变化时，填充图案将随新的边界发生变化，如图 3-22（c）所示。默认情况下，图案填充区域是关联的。

③ "绘图次序"：创建图案填充时，默认情况下将图案填充绘制在图案填充边界的后面，这样比较容易查看和选择图案填充边界。可以更改图案填充的绘制顺序，以便将其绘制在图案填充边界的后面或前面，或者其他所有对象的后面或前面。包含文本对象时的图案填充如图 3-23 所示。

④ "继承特性"：是将填充图案的设置，如图案类型、角度、比例等特性，从一个已经存在的填充图案中应用到另一个要填充的边界上。

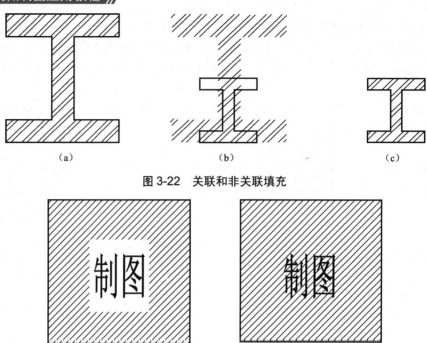

图 3-22　关联和非关联填充

图 3-23　包含文本对象时的图案填充

2．设置孤岛

单击"图案填充和渐变色"对话框右下角的⊙按钮，将显示更多选项，可以对孤岛和边界进行设置，如图 3-24 所示。

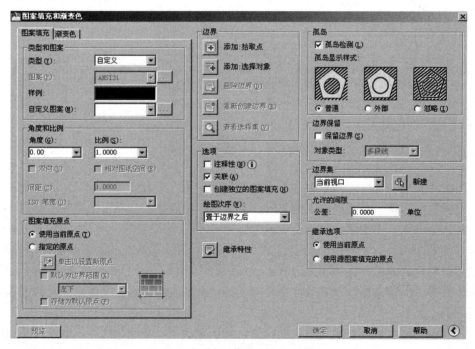

图 3-24　"图案填充和渐变色"对话框

① "孤岛检测(L)"：选中该复选框，才可以指定在最外层边界内选择用何种方式对对象进行填充。

② "孤岛显示样式"：包括"普通(N)""外部""忽略(I)"三个选择按钮，表示三种填充的方式，如图 3-25 所示。

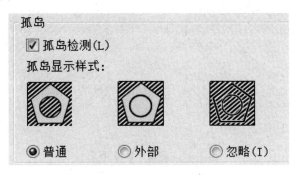

图 3-25 孤岛显示样式

"普通(N)"：由外部边界向里填充。即由外向里，内部截面（孤岛）的个数若为奇数就填充，若为偶数则不填充（断开填充）。

"外部"：由外部边界向里填充。即只对外部区域填充，内部区域断开填充。

"忽略(I)"：忽略所有内部对象，填充外部边界所围成的全部区域。

3．"渐变色"选项卡

"渐变色"选项卡如图 3-26 所示，"渐变色"选项卡的填充方式与"图案填充"选项卡相同，只是填充区域填充的图案是用一种或两种颜色形成的渐变色来填充图形。

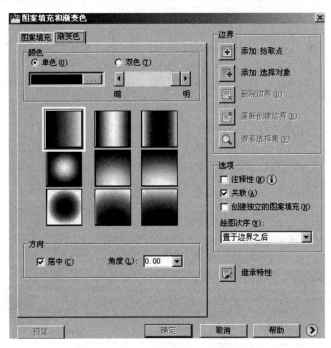

图 3-26 "渐变色"选项卡

二、编辑图案填充

"编辑图案填充"命令可修改已填充图案的类型、图案、角度、比例等特性。如图 3-23 所示图案，用"编辑图案填充"命令将图 3-27（a）的图案样式编辑为图 3-27（b）的图案样式。

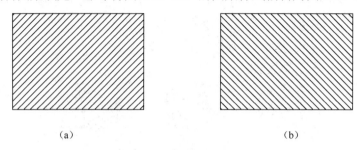

（a）   （b）

图 3-27　编辑"图案填充"

激活命令的方法如下。

（1）菜单栏：执行"修改"→"图案填充"命令。

（2）工具栏：单击"修改"工具栏中的"图案填充"图标。

（3）命令行：在命令行中输入"HATCHEDIT"或"HE"命令，按 Enter 键。

激活命令后，命令行提示：

选择图案填充对象：选中图 3-27（a）中的剖面线，此时将打开如图 3-28 所示的"图案填充编辑"对话框，将"角度"值设为 90°，单击"确定"按钮，剖面图案将变为如图 3-27（b）所示。

图 3-28　"图案填充编辑"对话框

三、任务实施

1. 创建图形文件

利用"新建"命令，创建一个新的图形文件。

2. 设置绘图环境

设置绘图环境前面已介绍，这里不再赘述。

3. 绘制图形

完成主、俯视图。

（1）绘制主、俯视图，如图 3-29 所示。

（2）在主视图中画样条曲线，如图 3-30 所示。

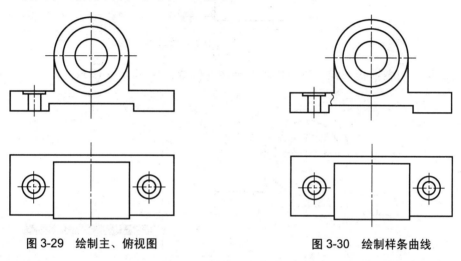

图 3-29　绘制主、俯视图　　　　图 3-30　绘制样条曲线

（3）绘制左视图。

① 用"极轴追踪"功能绘制一条 45° 辅助线，如图 3-31 所示。

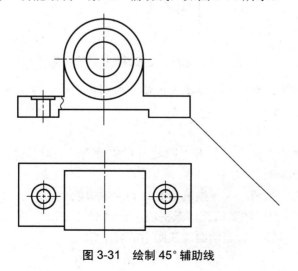

图 3-31　绘制 45° 辅助线

② 用参考点捕捉追踪方式（"临时追踪点"和"对象捕捉追踪"）确定参考点，如图 3-32 所示。

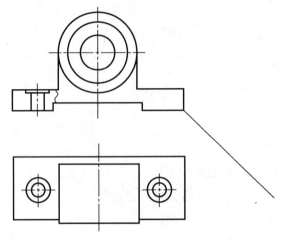

图 3-32　指定临时追踪点

③ 用"对象捕捉追踪"确定底板左视图的位置，如图 3 33 所示。

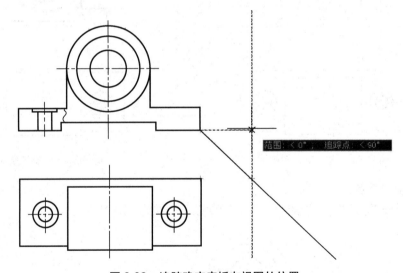

范围：〈0°，　追踪点：〈90°

图 3-33　追踪确定底板左视图的位置

④ 用同样操作方法，利用"对象捕捉追踪"得到各点，完成左视图，如图 3-34 所示。

（4）删除 45° 辅助线。

（5）绘制剖面线。

① 选择"图案填充"选项，打开"图案填充和渐变色"对话框，设置"类型"为"预定义"，"图案"为 ANSI31。

② 单击"拾取点"按钮，在要绘制剖面线的区域内取点。

③ 按 Enter 键，返回"图案填充和渐变色"对话框。

④ 单击"预览"按钮，预览剖面线在图中的显示情况。

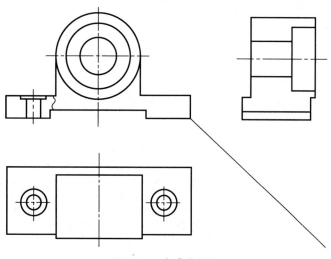

图 3-34 完成左视图

⑤ 单击"确定"按钮，将剖面线绘制到图中，如图 3-35 所示。

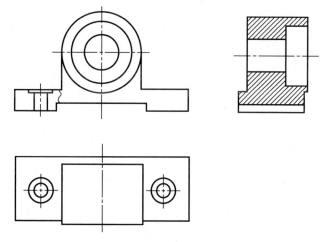

图 3-35 绘制剖面线

4．保存图形文件

单击"保存"按钮，保存图形文件。

项目四
文字、表格、块

 知识目标

1. 掌握创建、修改文字样式的方法。
2. 掌握单行文字、多行文字的注写方法及编辑文字的方法。
3. 掌握内部块写块的创建、插入方法。
4. 掌握块属性的设置方法，块的编辑方法。
5. 掌握表格的创建及插入方法。
6. 了解外创建、插入块的方法。

技能目标

1. 能根据需要正确创建、修改文字样式。
2. 能正确注写单行文字、多行文字。
3. 能根据需要正确创建、编辑块。
4. 能正确创建表格。

任务一　绘制标题栏

设置符合我国国家标准制图的文字样式，并书写标题栏文字，如图 4-1 所示。通过本例学习创建"文字样式""单行文字""多行文字"的注写方法，文字的编辑方法。

技术要求

1. 调制处理 220～250HBW；
2. 齿轮淬火 50～55HRC。

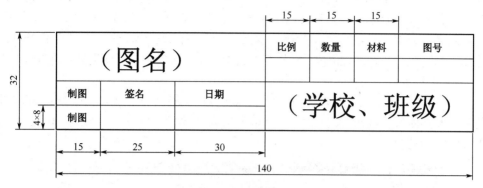

图 4-1　标题栏

一、文字标注

1. 设置文字样式

国家标准对图纸中的文字有明确的要求，如汉字要用仿宋体，数字要用阿拉伯数字，对字体的大小也有严格的规定。因此在图纸中标注文本时，应在输入文本之前先对文字的样式进行设置。对同一种字体，可以通过改变字体的一些参数，如高度、宽度系数、倾斜角、反写和垂直等，依次定义多种文字样式，以满足不同的要求。

激活命令的方法如下。

（1）菜单栏：执行"绘图"→"文字样式"命令。

（2）工具栏：在"绘图"工具栏中单击"文字样式"图标。

（3）命令行：在命令行中输入"STYLE"或"ST"命令，按 Enter 键。

激活命令后，将弹出"文字样式"对话框，如图 4-2 所示。该对话框各选项的功能如下。

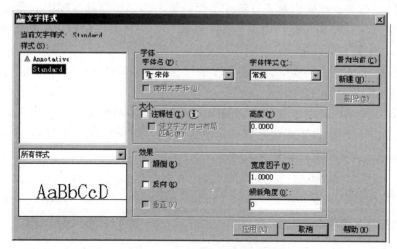

图 4-2　"文字样式"对话框

（1）"样式"选项区：用于显示文字样式的名称、创建新的文字样式、为已有的文字样式命名及删除文字样式。"样式名"下拉列表框中列出了当前可以使用的文字样式，默认文字样式为 Standard（标准）。采用的字体为 TXT.SHX，该文字样式不可以删除。

（2）字体：用于设置文字的字体。在该下拉列表框中选择某种字体。必须是已注册的 TrueType 字体和编译过的文件，将会显示在该列表框中。如果不选中"使用大字体"复选框，则有"字体名"列表和"字体样式"列表。"字体名"列表用于选择字体。"字体样式"列表用于选择字体样式，如斜体、粗体、常规等。选中"使用大字体"复选框后，该选项变为"大字体"，用于选择大字体文件。

使用大字体，用于指定亚洲语言的大字体文件。只有在"字体名"中指定 SHX 文件，才能使用"大字体"，常用的大字体文件为 gbcbig.shx。如图 4-3 所示为设定"bold.shx"字体后使用大字体的情况。

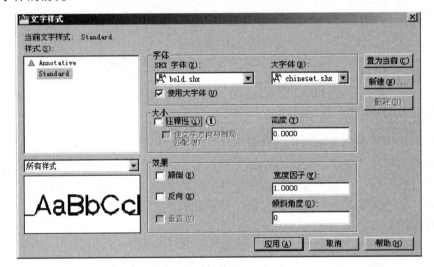

图 4-3 设定"大字体"示例

（3）大小。

① 注释性：该复选框确定是否设置注释性特性，即是否根据注释比例设置进行缩放。

② 使文字方向与布局匹配：如果选择了注释性，则该复选框有效。指定图纸空间视口中的文字方向与布局方向匹配。

③ 高度：用于指定文字高度。文字高度的默认值为 0，表示字高是可变的；如果输入某一高度值，文字高度就为固定值。

（4）"效果"选项区：用于设置文字颠倒、反向、垂直特殊效果，如图 4-4 所示。

（5）宽度因子：用于设置文字高度和宽度比例。当宽度因子大于 1 时，文字变扁；当宽度因子小于 1 时，文字变窄，如图 4-5 所示。

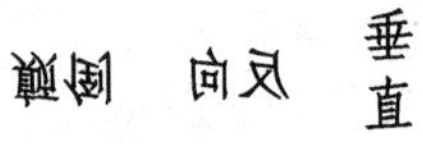

图 4-4 不同文字方向

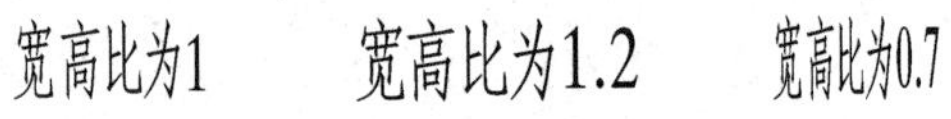

图 4-5 不同宽度比例

（6）倾斜角度：用于设置文字的倾斜角度。当倾斜角度大于 0 时，文字右倾；当倾斜角度小于 0 时，文字左倾。

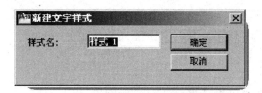

图 4-6　不同倾斜角度

（7）"预览"选项区：可以预览所选择或所设置的文字样式效果。

（8）"置为当前"按钮：将指定的文字样式设定为当前使用的样式。

（9）"新建"按钮用于创建新文字样式。单击该按钮，弹出"新建文字样式"对话框，如图 4-7 所示。在对话框的"样式名"文本框中输入新建文字样式名称，可对新文字样式进行设置。

图 4-7　"新建文字样式"对话框

（10）重命名：单击该按钮，将打开"重命名文字样式"对话框，形式与图 4-7 所示的"新建文字样式"对话框相同。在"样式名"文本框中，更改已选择的文字样式名称。

（11）"删除"按钮：用来删除某一设定的文字样式，但不能删除已经使用的文字样式和 Standard 样式。

设置完文字样式后，单击"应用"按钮即可应用文字样式。然后单击"关闭"按钮，关闭"文字样式"对话框。

2. 修改文字样式

用户可以对已有文字样式的样式名及内容进行修改，具体操作如下。

（1）修改文字样式名。执行"格式"→"文字样式"，弹出"文字样式"对话框。在"样式"列表中选择某个样式，右击，弹出快捷菜单，选择"重命名"选项，此时该样式名处于可编辑状态，直接输入新的名称，然后在样式名框的外部或样式列表框内部的任意位置单击，即可完成样式名的修改。

（2）修改文字样式内容。修改文字样式内容也在"文字样式"对话框中进行。在"字体"或"效果"选项区域中选择或输入内容后，单击"文字样式"对话框的"应用"按钮，修改生效，AutoCAD 2010 会立即更新图样中与此文字样式关联的文字。

3. 选择文字样式

在绘图过程中，一般根据书写文字的要求来选择文字样式。

选择文字样式并将其设置为当前文字样式，有以下两种方法。

（1）使用"文字样式"对话框。打开"文字样式"对话框，在"字体样式"下拉列表中单击选择需要的文字样式，或单击选择某文字样式后右击弹出快捷菜单，选择"置为当前"选项；或选择某样式后，在"文字样式"对话框中单击"置为当前"按钮，然后关闭对话框，完成当前文字样式的选择操作。

（2）使用"样式"工具栏。在"样式"工具栏中的"文字样式管理器"下拉列表中选择需要的文字样式，如图 4-8 所示。

Standard
ISO-25
Standard
Standard
Annotative
Standard
样式 1
ByLayer

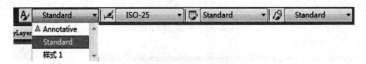

图 4-8 “样式”工具栏

二、标注文字

在 AutoCAD 2010 中，用户可以创建两种类型的文字：单行文字和多行文字。一般来说，比较简短的文字项目采用单行文字，而对带有段落格式的信息，通常使用多行文字。两种类型的文字对象，其外观都由与它关联的文字样式所决定。

1．标注单行文字

添加到图形中的文字可以表达多种信息，如规格说明、标签等。对于不需要使用多种字体的简短内容，可使用 TEXT 或 DTEXT 命令创建单行文本。用该命令时，系统将提示用户指定插入点、文本类型、对齐、高度等特性。

激活命令的方法如下。

（1）菜单栏：执行“绘图”→“文字”→“单行文字”命令。

（2）工具栏：在“文字”工具栏中单击“单行文字”图标 A。

（3）命令行：在命令行中输入“TEXT”或“DTEXT”或“DT”命令，按 Enter 键。

激活命令后，命令行提示：

```
命令：-dtext
当前文字样式："Standard"文字高度：2．5000 注释性：否          //系统默认
指定文字的起点或 [对正(J)/样式(S)]：                        //单击指定文字起点
指定高度 <2.50>：5                                          //设置文字高度 5，按 Enter 键
指定文字的旋转角度 <0>：                                     //默认文字的旋转角度为 0，按 Enter 键
```

提示中第一行说明的是当前文字标注的设置，默认是上次标注时采用的文字样式设置。提示中第二行各选项的功能如下。

（1）“指定文字的起点”：用于确定文字行的位置。默认情况下，以单行文字行基线的起点来创建文字。对齐和调整比较如图 4-9 所示。

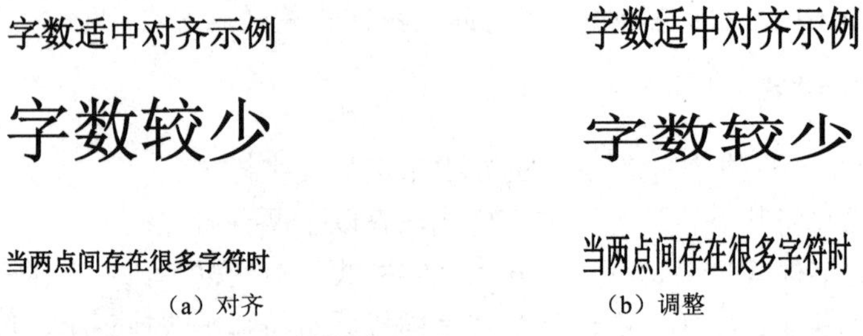
字数适中对齐示例
字数较少
当两点间存在很多字符时
（a）对齐
字数适中对齐示例
字数较少
当两点间存在很多字符时
（b）调整

图 4-9 对齐和调整比较

（2）“对正(J)”：用于设置文字的对齐方式。

在系统中，确定文本位置需采用 4 条线：顶线、中线、基线和底线，这 4 条线的位置，

如图 4-10 所示。

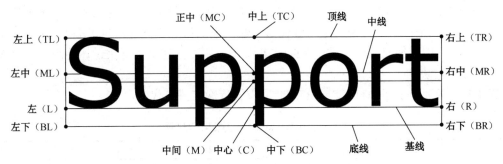

图 4-10 单行文字对齐方式(对齐、调整除外)

当用户选择"对正(J)"时，将出现下列提示：

输入选项：[对齐(A)/调整(F)/中心(C)/中间(M)/右(R)/左下(TL)/中上(TC)/右上(TR)/左中(ML)/正中(MC)/右中(MR)/左下(BL)/中下(BC)/右下(BR)]：

① 对齐(A)：确定文本的起点和终点，AutoCAD 自动调整文本的高度，使文本放置在两点之间，即保持字体的高和宽之比不变。

② 调整(F)：确定文本的起点和终点，AutoCAD 调整文字的宽度以便将文本放置在两点之间，此时文字的高度不变。

③ 中心(C)：确定文本基线的水平中点。

④ 中间(M)：确定文本基线的水平和垂直中点。

⑤ 右(R)：确定文本基线的右侧终点。

⑥ 左上(TL)：文本以第一个字符的左上角为对齐点。

⑦ 中上(TC)：文本以字串的顶部中间为对齐点。

⑧ 右上(TR)：文本以最后一个字符的右上角为对齐点。

⑨ 左中(ML)：文本以第一个字符的左侧垂直中点为对齐点。

⑩ 正中(MC)：文本以字串的水平和垂直中点为对齐点。

⑪ 右中(MR)：文本以最后一个字符的右侧中点为对齐点。

⑫ 左下(BL)：文本以第一个字符的左下角为对齐点。

⑬ 中下(BC)：文本以字串的底部中间为对齐点。

⑭ 右下(BR)：文本以最后一个字符的右下角为对齐点。

（3）"样式(S)"：用于设置文本使用的类型。

在设置了文字的对正方式和选用的文本类型后（或选用默认值），单击某点可确定单行文字起点。然后系统将给出如下提示：

指定文字高度<2．5000 >：(用户可通过单击一点，利用该点与前面指定的文字起点之间的距离设置文字高度，也可直接输入一个数值来指定文字高度。)

然后系统将给出如下提示：

指定文字的旋转角度<0>：(用户可在此提示下指定文本行的旋转角度，假定用户在此输入"30"，表示将文本行按逆时针旋转 30 度)

再次按 Enter 键，系统将给出如下提示：

输入文字：用户便可在该提示下输入文字了，此时输入的文字将会即时出现在绘图窗口中，要输入另一行文字，可在行尾按 Enter 键。如希望退出文字输入，可在新起一行时不输入任何内容按 Enter 键

（4）控制码与特殊字符。

在 AutoCAD 中某些符号不能用标准键盘直接输入，这些符号包括：上画线、下画线、°、ϕ、±、%等。但是，用户可使用某些替代形式输入这些符号。此外，由于输入这些符号时，TEXT 命令所使用的编码方法不同于 MTEXT 命令，所以，这里分开来讲述使用上述命令输入特殊符号的方法。

表 4-1 所示列出了用 DTEXT 或 TEXT 生成的特殊字符及代码。

表 4-1　AutoCAD 常用控制码

符　　号	功　　能	符　　号	功　　能
%%O	加上画线	\u+2248	几乎相等 "$\approx$"
%%U	加下画线	\u+2220	角度 "$\angle$"
%%D	度符号 "°"	\u+2260	不相等 "$\neq$"
%%P	正/负符号 "±"	\u+2082	下标 2
%%C	直径符号 "ϕ"	\u+00B2	平方
%%%	百分号 "%"	\u+00B3	立方

2. 标注多行文字

多行文字又称为段落文字，是一种更易于管理的文字对象，可由任意数目的文字行组成，且所有文字构成一个单独的实体。工程图中比较复杂的文字说明通常使用多行文字。

激活命令的方法如下。

（1）菜单栏：执行"绘图"→"文字"→"多行文字"命令。

（2）工具栏：在"绘图"工具栏中单击"多行文字"图标 **A**。

（3）命令行：在命令行中输入"MTEXT"或"T"或"MT"命令，按 Enter 键。

激活命令后，命令行提示：

```
命令：_mtext
当前文字样式：　"Standard"　文字高度：　2.5　注释性：否　//系统默认
指定第一角点：　　　　//单击指定文字框的第一角点
指定对角点或 [高度(H)/对正(J)/行距(L)/旋转(R)/样式(S)/宽度(W)/栏(C)]：
　　　　　　　　//单击指定文字框的另一角点，或选择 [ ] 里的选项
```

各选择项功能如下。

（1）"指定对角点"：用于确定标注文本框的另一个角点，为默认选项。

（2）"高度(H)"：用于确定字体的高度。

（3）"对正(J)"：用于设置文本的排列方式。

（4）"行距(L)"：用于设置行间距。

（5）"旋转(R)"：用于设置文本框的倾斜角度。

（6）"样式(S)"：用于设置当前字体样式。

（7）"宽度(W)"：用于设置文本框的宽度。

在设定了矩形的两个顶点，拉开一矩形框后，弹出"多行文字编辑器"对话框，如图 4-11 所示，用户可通过该对话框输入文本内容，也可以在该对话框中设置其他特性。该对话框包含了样式、格式、段落、插入、拼写检查、工具、选项、关闭等面板，和一般的文字排版编

辑功能基本相同。可以通过其上的各个下拉列表框、文本框及按钮完成文本的编辑排版工作。

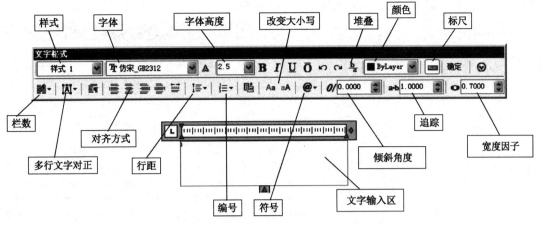

图 4-11 多行文字编辑器

"文字格式"工具条：用于对多行文字的输入设置，其主要功能如下。

（1）"文字样式"：用于显示和选择设置的文字样式。

（2）"字体"：用于显示和设置文字使用的字体。

（3）"字体高度"：用于显示和设置文字的高度。可以从下拉列表框中选择直接值。

（4）"加粗""倾斜"及"下画线"按钮，单击它们，可以将文字加粗、倾斜或给文字加下画线。

（5）"堆叠"：单击"堆叠/非堆叠"按钮，可以创建堆叠文字（堆叠文字是一种垂直对齐的文字或分数）。在使用时，需要分别输入分子和分母，其间使用/、#或^分隔，然后选择这一部分文字，单击"堆叠"按钮即可，如图 4-12 和图 4-13 所示。

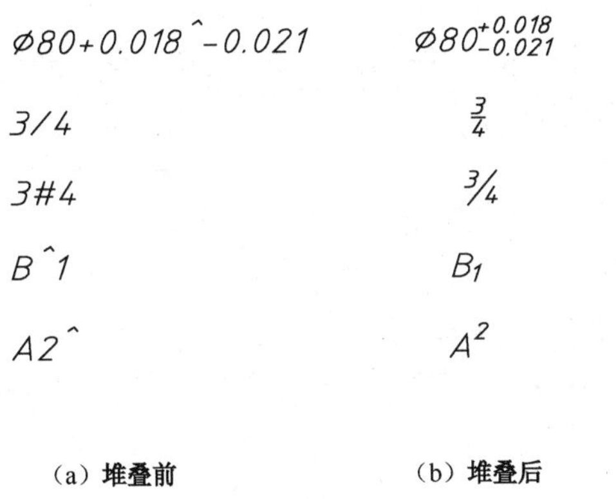

$\varnothing80+0.018\char`^-0.021$	$\varnothing80^{+0.018}_{-0.021}$	$\varnothing20+0.018\char`^0$	$\varnothing20^{+0.018}_{0}$	错误
$3/4$	$\frac{3}{4}$	$\varnothing20+0.018\char`^0$	$\varnothing20^{+0.018}_{0}$	正确
$3\#4$	$^{3}\!/_{4}$			
$B\char`^1$	B_1	$\varnothing360\char`^-0.025$	$\varnothing36^{0}_{-0.025}$	错误
$A2\char`^$	A^2	$\varnothing36\,0\char`^-0.025$	$\varnothing36_{-0.025}^{0}$	正确

（a）堆叠前　　　　（b）堆叠后　　　（a）堆叠前　　　　（b）堆叠后

图 4-12 堆叠文字 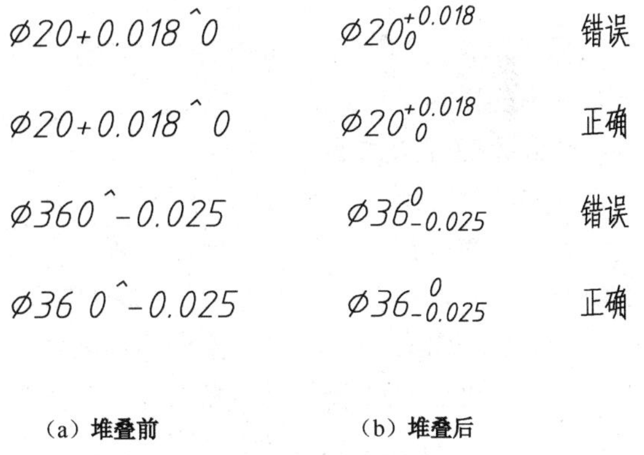　　　　　　　　图 4-13 公差堆叠

使用"多行文字"命令注写文字时，若要输入特殊字符，可在执行"文字格式"→"符号"命令后，从下拉菜单选择相应的符号，如图 4-14 所示。选择"其他"选项，系统打开如图 4-15 所示"字符映射表"窗口，该窗口显示了当前字体的所有字符集，在该窗口中，单击所需的特殊字符，再依次单击"选择"按钮和"复制"按钮，完成特殊字符的复制。在文字输入窗口中右击，在弹出的快捷菜单中，选择"粘贴"选项，即完成所选特殊字符的输入。

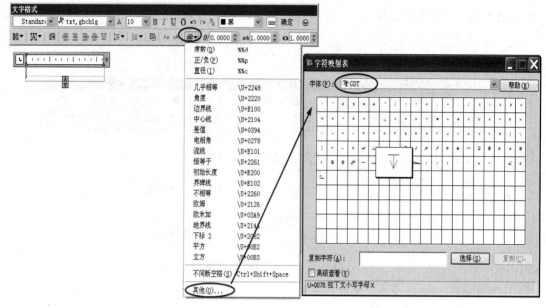

图 4-14 "符号"选项   图 4-15 "字符映射表"窗口

三、文字编辑

在 AutoCAD 中同样可以对已经输入的文字进行编辑修改。根据选择的文字对象是单行文本还是多行文本的不同，弹出相应的对话框来修改文字。如果采用特性编辑器，还可以同时修改文字的其他特性，如样式、位置、图层、颜色等。

1. "编辑文字"命令编辑文本

利用"编辑文字"命令可以打开"在位文字编辑器"，从而编辑、修改单行文本的内容和多行文本的内容及格式。

激活命令的方法如下。

（1）菜单栏：执行"修改"→"对象"→"文字"→"编辑"命令。

（2）工具栏：执行"文字"→"编辑" 𝐀 命令。

（3）命令行：在命令行中输入"DDEDIT"命令，按 Enter 键。

执行文字编辑命令后，首先要求选择欲修改编辑的注释对象（如果一次只修改一个文本对象，用户也可以通过双击文本来执行该命令）。

2. 对象"特性"选项板编辑文本

利用对象"特性"选项板可以编辑、修改文本的内容和特性。

激活命令的方法如下。

（1）菜单栏：执行"修改"→"特性"命令。

（2）工具栏：在"标准"工具栏中单击"特性"图标。

（3）命令行：在命令行中输入"PROPERTIES"、"DDMODIFY"或"PROPS"命令，按 Enter 键。

激活该命令后，弹出文字对象的"特性"选项板，其中列出了选定文本的所有特性和内容，如图4-16所示。如果选择的对象为单行文字，点取后将和输入单行文字类似，直接修改即可。

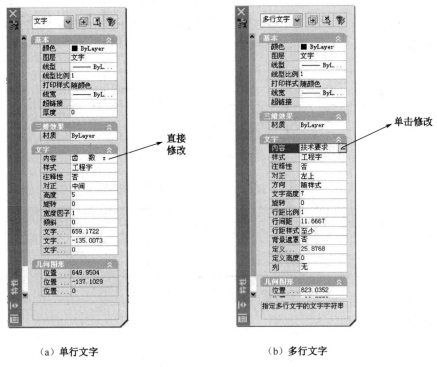

（a）单行文字　　　　　　　　（b）多行文字

图4-16　文字对象的"特性"选项板

四、任务实施

1．设置绘图环境

设置绘图环境前面已介绍，这里不再赘述。

2．绘制标题栏

在"图层"下拉列表框中，设置"粗实线"图层为当前图层。

（1）调用"直线"命令，绘制标题栏的外边框，标题栏尺寸为140×32，如图4-17所示。

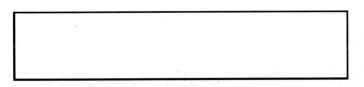

图4-17　绘制标题栏的外边框

（2）调用"偏移"命令，将标题栏最上边的一条边依次向下偏移8，绘制标题栏内的三条横线，如图4-18所示。

（3）继续用"偏移"命令，从标题栏最左边一条竖线起，依次向右边偏移15、25、30、15、15、15。

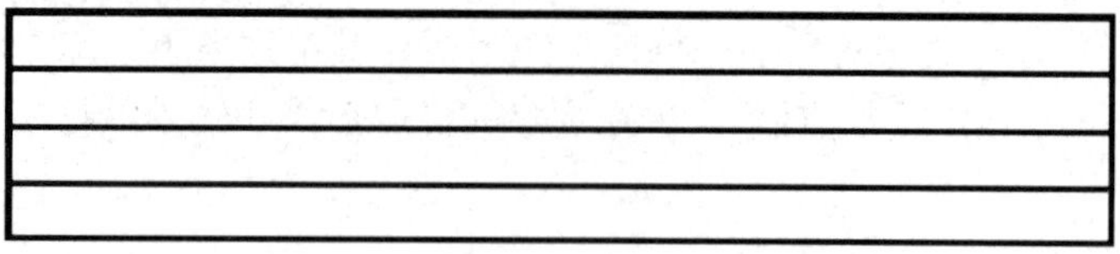

图 4-18   绘制标题栏内的三条横线

（4）修剪多余边框，如图 4-19 所示。

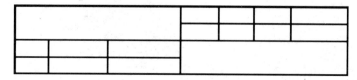

图 4-19   绘制标题栏内部

（5）用"窗交方式"选中标题栏内的线条，将其转换到"细实线"图层，如图 4-20 所示。

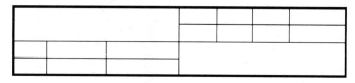

图 4-20   转换到"细实线"图层

3．创建文字样式

（1）选择"格式"→"文字样式"菜单，打开"文字样式"对话框。

（2）单击"新建"按钮，打开"新建文字样式"对话框。

（3）在"样式名"文本框中输入样式名"汉字"，单击"确定"按钮，返回"文字样式"对话框。

（4）在"字体"选项区中，设置字体名为"仿宋-GB2312"、字体样式为"常规"、高度为 0、宽度因子为 0.7、倾斜角度为 0。

（5）单击"应用"按钮，将"汉字"样式置为当前。

（6）单击"关闭"按钮，保存样式设置。

4．填写标题栏中的文字

用"单行文字"命令书写文字。单行文字主要用来创建文字内容较少的文字对象。一次写入的文字每一行都是一个独立的对象，可对其进行重定位、调整格式和其他修改操作。

执行"绘图→文字→单行文字"命令。

命令行提示：

```
命令：_dtext
当前文字样式："汉字"    文字高度：   2.50   注释性：   否     //系统默认
指定文字的起点或 ［对正(J)/样式(S)］：//单击指定文字起点
指定高度 <2.50>：2.5                   //设置文字高度 2.5，按 Enter 键
指定文字的旋转角度 <0>：              //默认文字的旋转角度为 0，按 Enter 键
```

在文本框中输入"制图"两个字，如图 4-21 所示。

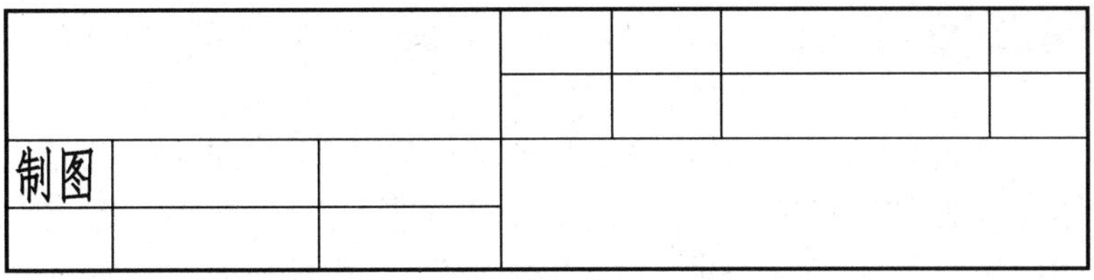

制图				

图 4-21　填写文字

5．复制文字

复制文字，如图 4-22 所示。

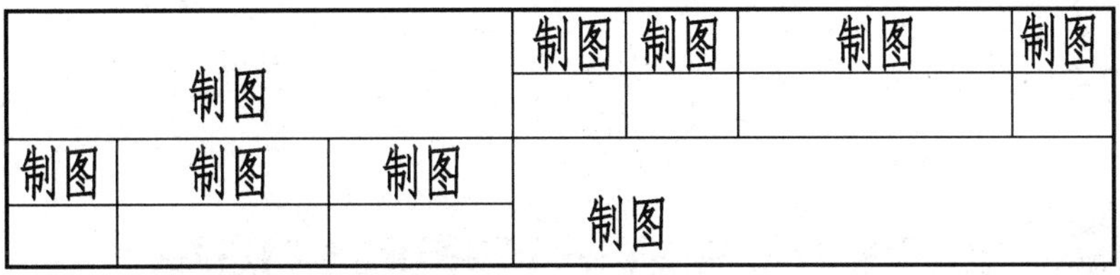

制图	制图	制图	制图	制图
制图	制图	制图	制图	

图 4-22　复制文字

6．编辑单行文字

编辑单行文字的内容，如图 4-23 所示。

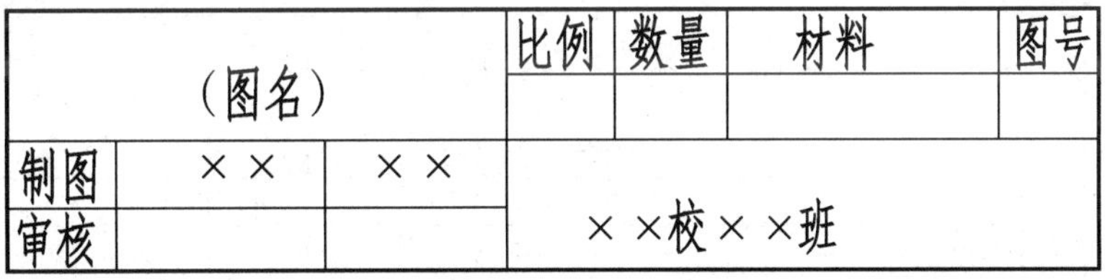

（图名）		比例	数量	材料	图号
制图	××	××	××校××班		
审核					

图 4-23　编辑单行文字的内容

7．编辑单行文字字高

编辑单行文字的字高，如图 4-24 所示。

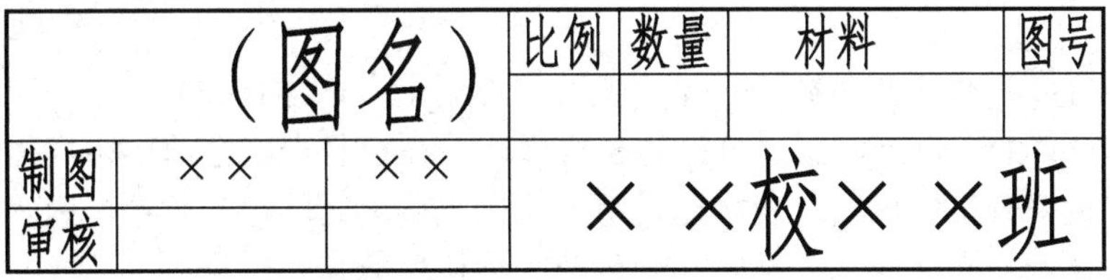

（图名）		比例	数量	材料	图号
制图	××	××	××校××班		
审核					

图 4-24　编辑单行文字的字高

8．书写技术要求

（1）执行"绘图"→"文字"→"多行文字"命令。

命令行提示：

```
命令：_mtext
当前文字样式："汉字"文字高度：2.50 注释性：否　//系统默认
指定第一角点：                              //单击指定文字框的第一角点
```

| 指定对角点或 [高度(H)/对正(J)/行距(L)/旋转(R)/样式(S)/宽度(W)/栏(C)]: |
| //单击指定文字框的另一角点 |

用户指定矩形区域的另一角点后，系统将弹出"多行文字编辑器"对话框。

（2）在对话框中的文字编辑区输入"技术要求"四个字，按 Enter 键；然后输入"1. 调制处理 220～250 HBW"，按 Enter 键；然后再输入"2. 齿轮淬火 50～55 HRC"，最后单击"确定"按钮。

（3）编辑技术要求。选中需要编辑的多行文字，然后双击，打开"多行文字编辑器"对话框，然后将"技术要求"的字高设置为 5。

9. 保存文件

单击"保存"按钮，保存文件。

任务二 明细栏表格样式的创建与填写

绘制如图 4-25 所示明细栏，通过本例学习"表格样式""插入表格""修改表格"等命令。

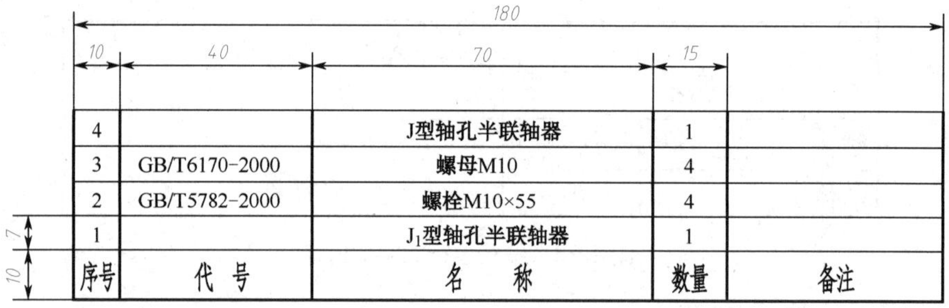

序号	代 号	名 称	数量	备注
4		J 型轴孔半联轴器	1	
3	GB/T6170-2000	螺母 M10	4	
2	GB/T5782-2000	螺栓 M10×55	4	
1		J₁ 型轴孔半联轴器	1	

图 4-25　明细栏

一、表格的绘制

表格是在行和列中包含数据的对象。表格的外观由表格样式控制，用户可以使用默认表格样式 STANDARD，也可以创建自己的表格样式。在绘制表格之前，用户需要启用"表格样式"命令来设置表格的样式。表格样式用于控制表格单元的填充颜色，内容对齐方式，数据格式，表格文本的文字样式、高度、颜色及表格边框等。

激活命令的方法如下。

（1）菜单栏：执行"格式"→"表格样式"命令。

（2）工具栏：在"样式"工具栏中单击"表格样式"图标。

（3）命令行：在命令行中输入 TABLESTYLE，按 Enter 键。

激活命令后，弹出"表格样式"对话框，在该对话框中可以新建表格样式或者修改、删除已有的表格样式，如图 4-26 所示。

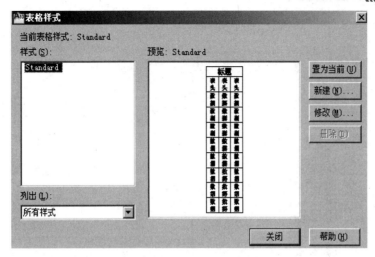

图 4-26　"表格样式"对话框

该对话框中各选项的功能如下。

（1）"当前表格样式"：说明当前使用的表格样式。

（2）"列出"：用于选择在"样式"列表框所列出的样式，有两个选择项，即所有样式和正在使用的样式。

（3）"样式"：显示由"列出"下拉列表框所选择的显示条件下的样式列表。

（4）"预览"：显示在"样式"列表框中所选择的样式格式。

（5）"置为当前"按钮：在"样式"列表框中选择的样式设置为当前使用的表格样式。

（6）"修改"：可以修改已有表格的样式。

（7）"新建"按钮：新建一种表格样式。

单击"表格样式"对话框中的"新建"按钮，弹出"创建新的表格样式"对话框，如图 4-27 所示。

图 4-27　"创建新的表格样式"对话框

在"新样式名"文本框中输入新的表格样式名，如"样式 1"，在"基础样式"下拉列表框中选择默认的表格样式、标准的或者任何已经创建的样式，新样式将在该样式的基础上进行修改，然后单击"继续"按钮，将打开"新建表格样式：样式 1"对话框，如图 4-28 所示。通过它可以指定表格的格式、表格方向、边框特性和文本样式等内容。如图 4-28 所示，"单元样式"选项区中有"常规""文字"和"边框"三个选项卡，如图 4-29 所示。

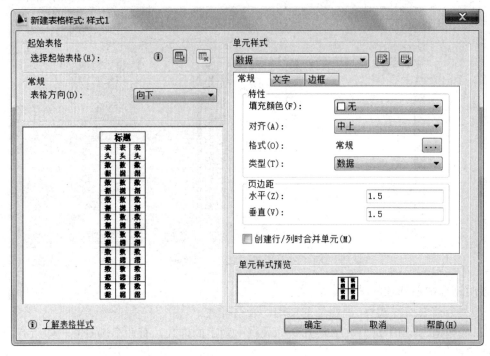

图 4-28 "新建表格样式：样式 1"对话框

图 4-29 "常规""文字"和"边框"选项卡

"新建表格样式：样式 1"对话框主要功能如下。

（1）"起始表格"选项区：该选项允许用户在图形中指定一个已有表格作为新建表格样式的起始表格。单击表格按钮，返回到绘图区选择表格后，可以指定要从该表格复制到表格样式的结构和内容。提示如下：

选择表格：（单击选择已有的表格）

在此提示下选择某一表格后，返回到"新建表格样式"对话框，并在预览框中显示出该表格的样式设置。

通过按钮选择了某一表格后，还可以通过右侧的按钮删除该起始表格。

（2）"常规"选项区：通过"表格方向"列表框确定插入表格时的表格方向。列表中有"向下"和"向上"两个选项，"向下"表示创建由上而下读取的表格，即标题行和表头行位于表格的顶部；"向上"则表示创建由下而上读取的表格，即标题行和表头行位于表格的底部。

（3）"单元样式"选项组：该选项卡用于定义新的单元样式或修改现有单元样式，可以创建任意数量的单元样式。系统默认提供了数据、标题和表头三种单元样式，用户需要创建新的单元样式，可以单击"创建新单元样式"按钮，按提示进行修改。

（4）"预览框"选项区："预览框"用于显示新创建样式的表格预览图像。

二、创建表格

设置好表格样式后，用户就可以开始创建表格。

激活命令的方法如下。

（1）菜单栏：执行"绘图"→"表格"命令。

（2）工具栏：在"绘图"工具栏中单击"表格"图标。

（3）命令行：在命令行中输入"TABLE"命令，按 Enter 键。

激活命令后，将打开"插入表格"对话框，如图 4-30 所示。

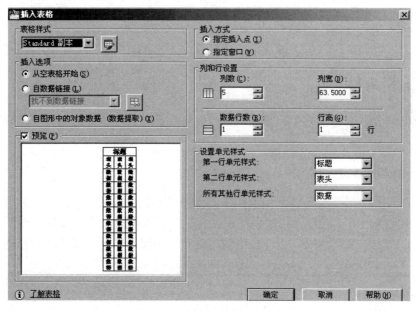

图 4-30 "插入表格"对话框

该对话框各选项功能如下。

（1）"表格样式"选项区：可以从"表格样式"下拉列表框中选择表格样式，或单击其后的按钮，打开"表格样式"对话框，创建新的表格样式。

（2）"插入选项"选项区：确定如何为表格填写数据。其中，"从空表格开始"单选按钮表示创建一个空表格，然后填写数据；"自数据链接"单选按钮表示根据已有的 Excel 数据表创建表格，选中此单选按钮后，可以通过按钮建立与已有 Excel 数据表中的链接，"自图形中的对象数据（数据提取）"单选按钮可以通过数据提取向导来提取图表中的数据。

（3）"预览"窗口：预览表格的样式。

（4）"插入方式"选项区：选中"指定插入点"单选按钮，可以在绘图窗口中的某点插入固定大小的表格；选中"指定窗口"单选按钮，可以在绘图窗口中通过拖动表格边框来创建任意大小的表格。

（5）"列和行设置"选项区：用于设置表格中的列数、行数及列宽与行高。

（6）"设置单元样式"选项区：可以通过与"第一行单元样式""第二行单元样式""所有其他行单元样式"对应的下拉列表框，分别设置第一行、第二行和其他行的单元样式。每一个下拉列表中有"标题""表头"和"数据"三个选择。

通过"插入表格"对话框完成表格的设置后，单击"确定"按钮，然后根据提示确定表格的位置，即可完成表格插入到图形，且插入后会弹出"文字格式"工具栏，同时将表格中的第一个单元醒目显示，此时就可以直接向表格输入文字，如图 4-31 所示。

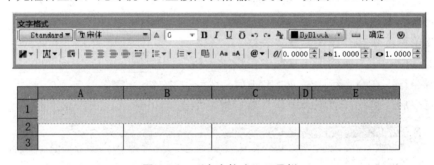

图 4-31　"文字格式"工具栏

三、编辑表格

用户可以修改已创建表格中的数据，也可以修改已有表格，如更改行高、列宽、合并单元格和删除单元格等。

1. 编辑表格数据

双击绘图屏幕中已有表格的某一单元格，会弹出"文字格式"工具栏，并将表格显示成编辑模式，同时将所双击的单元格醒目显示，其效果如图 4-32 所示，在编辑模式修改表格中的各数据后，单击"文字格式"工具栏中的"确定"按钮，即可完成表格数据的修改。

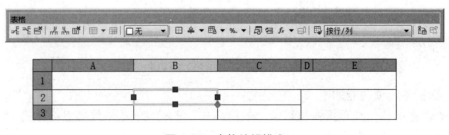

图 4-32　表格编辑模式

2．编辑表格

（1）使用表格的夹点或表格单元的夹点进行修改。该方式通过拖动夹点更改表格的列宽和行高，利用夹点功能可以修改已有表格的列宽和行高，如图 4-30 所示。

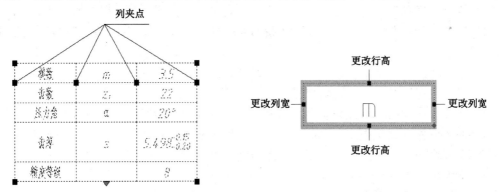

图 4-33 使用表格的夹点、表格单元的夹点进行修改

（2）利用快捷菜单修改表格。当选中整个表格时右击，弹出的快捷菜单如图 4-34（a）所示，从中可以选择对表格进行"剪切""复制""删除""移动""缩放""旋转"等简单命令，还可以均匀调整表格的行、列大小，删除所有特性替代。

当选中表格单元格时右击，弹出的快捷菜单如图 4-34（b）所示。

（a）

（b）

图 4-34 在表格中输入文字的界面

四、任务实施

1. 创建明细栏表格样式

（1）执行"格式"→"表格样式"命令，弹出"表格样式"对话框，如图4-26所示。

（2）单击"新建"按钮，弹出"创建新的表格样式"对话框，在"新样式名"文本框中输入"明细栏"。

（3）单击"继续"按钮，弹出"新建表格样式：明细栏"对话框，在"单元样式"下拉列表中选择"数据"选项，设置明细栏数据的特性。

（4）在"表格方向"下拉列表中，选择"向上"选项，即明细栏的数据由下向上填写。

（5）在"常规"选项卡中，"对齐"下拉列表中选择"正中"选项，将指定明细栏中的数据书写在表格的正中间；在"页边距"选项区的"水平""垂直"文本框中均输入"0.1"，指定单元格中的文字与上下左右单元边距之间的距离。

（6）单击"文字"选项卡，在"文字样式"下拉列表中选择"长仿宋字"选项，"文字高度"文本框中输入"3.5"，确定数据行中文字的样式及高度。

（7）单击"边框"选项卡，在"线宽"下拉列表中选择"0.3mm"，再单击"左边框"田和"右边框"田，设置数据行中的垂直线为粗实线。

（8）在"单元样式"下拉列表中选择"表头"选项，设置明细栏表头的特性。

（9）在"常规"选项卡中选择或输入："对齐"下拉列表中选择"正中"选项；"格式"下拉列表中选择"常规"选项；"类型"下拉列表中选择"标签"选项；在"页边距"选项区域的"水平""垂直"文本框中均输入"0.1"。

（10）在"文字"选项卡中设置表头文字样式为"长仿宋字"，文字高度为"5"。

（11）在"边框"选项卡中的"线宽"下拉列表中选择"0.3mm"，再单击"上边框"田、"左边框"田和"右边框"田，设置表头最下的水平线和表头中的垂直线为粗实线。

（12）单击"确定"按钮，返回到"表格样式"对话框，单击"置为当前"按钮，将"明细栏"表格样式设置为当前表格样式。

（13）单击"关闭"按钮，完成表格样式的创建。

2. 插入表格

（1）执行"绘图"→"表格"命令，弹出"插入表格"对话框，在"表格样式"下拉列表中选择"明细栏"选项，在"插入方式"选项组中选中"指定插入点"单选按钮；在"列和行设置"选项组中设置"列数"为5，"列宽"为10，"数据行数"为3，"行高"为1；在"单元样式"选项组中"第一行单元样式"下拉列表中选择"表头"选项，"第二行单元样式"下拉列表中选择"数据"选项，"所有其他行单元样式"下拉列表中选择"数据"选项。

（2）单击"确定"按钮，在屏幕适当位置单击，指定表格的插入点。

（3）激活"表头"单元格并填入相应文字，如图4-35所示。

（4）单击"确定"按钮，完成明细栏的插入。

图 4-35　填写表头内容

3. 修改表格的列宽、行高

（1）执行"标准"→"特性"命令，弹出"特性"选项板。

（2）用窗口方式（或按 Shift 键并在另一个单元格内单击）选择所有"表头"单元格，在"特性"选项板的"单元高度"文本框中输入"10"，按 Enter 键，如图 4-36 所示。

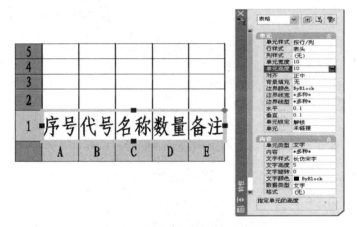

图 4-36　修改"表头"单元格行高

（3）再选择所有数据单元格，在"特性"选项板的"单元高度"文本框中输入"7"，按 Enter 键，如图 4-37 所示。

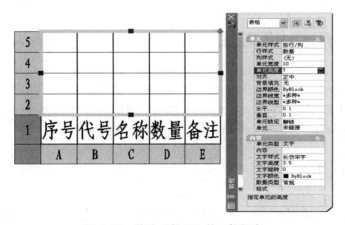

图 4-37　修改"数据"单元格行高

（4）依次在每一列单元格内单击，在"特性"选项板的"单元宽度"文本框中输入每一列的宽度值，如图 4-38 所示为第二列的列宽为 40。

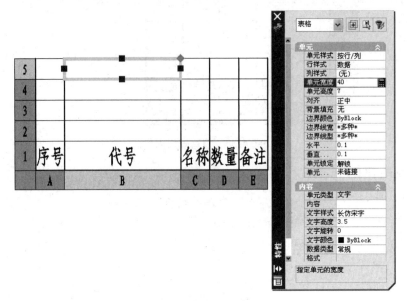

图 4-38　修改各列的宽度

（5）按 Esc 键，退出选择，完成行高、列宽的修改。

4．填写明细栏

在"数据"单元格中双击，自下而上填写明细栏内容，如图 4-39 所示。

4		J 型轴孔半联轴器	1	
3	GB/T6170-2000	螺母M10	4	
2	GB/T5782-2000	螺栓M10×55	4	
1		J₁ 型轴孔半联轴器	1	
序号	代　号	名　　称	数量	备注

图 4-39　明细栏

任务三　图块的应用

完成如图 4-40 所示图形的标注（利用内部块完成螺钉孔，利用外部块标注表面粗糙度）。通过本例掌握"创建块""插入块""属性块""编辑块"的命令。

一、图块的概念

图块是多个图形对象的组合。对于绘图过程中雷同的图形，不必重复地绘制，只需将它们创建为一个块，在需要的位置插入即可。还可以给块定义属性，在插入时填写可变信息。用户可以根据实际需要将图块按给定的缩放系数和旋转角度插入到指定的任一位置，也可以对整个图块进行复制、移动、旋转、比例缩放、镜像、删除和阵列等操作。

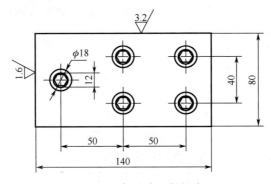

图 4-40　标注表面粗糙度

二、图块的创建

创建图块命令有两种，用 BLOCK 命令可创建附属图块，用 WBLOCK 命令可创建独立图块。在以前版本的 AutoCAD 中，附属图块从属于某一个特定的图形文件，且只能被该图块所在的图形文件本身调用，不能用于其他图形。而独立图块被作为一独立图形文件保存，并可被其他的图形文件调用。从 AutoCAD 2000 开始，新增的设计中心功能允许图块不必单独保存成图形文件即可被其他图形文件调用，换言之，BLOCK 命令已经可以实现过去只有 WBLOCK 命令才能实现的这项功能。

1. 使用 BLOCK 命令创建附属图块（内部块）

激活命令的方法如下。

（1）菜单栏：执行"绘图"→"块"→"创建"命令。

（2）工具栏：在"绘图"工具栏中单击"创建块"图标。

（3）命令行：在命令行中输入"BLOCK"或"Bmake"或"B"命令，按 Enter 键。

激活命令后，系统将打开"块定义"对话框，如图 4-41 所示。

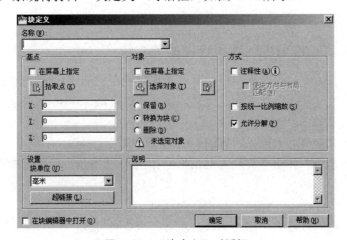

图 4-41　"块定义"对话框

对话框中各选项的功能如下。

（1）"名称"：用于输入块名，如"粗糙度"。

（2）"基点"：指定块的插入基点，作为块插入时的参考点。

"拾取点"：单击该按钮，可以在绘图区中通过单击指定插入基点的位置，也可以直接在X、Y、Z文本框中插入基点的坐标值。

（3）"对象"：选择构成块的实体对象。

① 选择对象：该按钮供用户选择组成块的对象。单击该按钮后，系统将临时关闭"块定义"对话框，屏幕切换到绘图窗口，选择实体并确认后，返回到"块定义"对话框。

② 保留：创建块以后，将选定的对象保留在图形中。

③ 转换为块：创建块以后，将选定对象转换成图形中的一个块引用。

④ 删除：创建块以后，从图形中删除选定的对象。

（4）"设置"：用于块生成时的设置。"块单位(U)"下拉列表框，用于显示和设置块插入时的单位。"超链接(L)…"按钮，创建带有超链接的块。

（5）"按统一比例缩放(S)"复选按钮：用于插入后的块，能否分解为原组成实体。

（6）"说明"文本框，用于对块进行的相关文字说明。

（7）"在块编辑器中打开(O)"：用于确定生成块时是生成动态块。当选择该复选框后，单击"确定"按钮后，将弹出"在块编辑器界面"，进行动态制作。

操作步骤如下。

① 画出块定义所需的图形。

② 调用 BLOCK 命令，弹出"定义块"对话框。

③ 在"名称"输入框中指定块名。

④ 在"基点"选项区域中指定块的插入点，有两种方法：第一种是单击"拾取点"按钮，在绘图区上拾取插入点，本操作实例采用的就是此种方法；另一种是直接输入插入点的X、Y、Z坐标。

⑤ 单击"选择对象"按钮，在绘图区上拾取构成块的对象，按 Enter 键，完成对象选择，返回对话框。

⑥ 在"对象"选项区域下选择一种对原选定对象的处理方式，有三种方式：保留、删除和转换为块。

⑦ 单击"确定"按钮，完成内部块的创建。

2. 使用 WBLOCK 命令创建可存储的独立块

当用户使用 BLOCK 命令定义一个块时，该块只能在存储该块定义的图形文件中使用。因此，为了能在其他文件中再次引用，就必须使用其他办法，WBLOCK 正满足了这一要求。

激活命令的方法如下。

（1）命令行：在命令行中输入"WBLOCK"或"W"命令。

激活该命令后系统将弹出"写块"对话框，如图 4-42 所示。

操作步骤如下。

（1）调用"写块"命令，弹出"写块"对话框。

（2）在"源"选项区域中指定外部块的来源，有 3 种方式。

① 块：在"块"下拉列表中选择现有的内部块来创建外部块。

② 整个图形：选择当前整个图形来创建外部块。

③ 对象：从屏幕上选择对象并指定插入点来创建外部块。

图 4-42　"写块"对话框

（3）在"基点"选项区域中指定块的插入点。

（4）单击"选择对象"按钮，在绘图区上拾取构成块的对象，按 Enter 键，完成对象选择，返回对话框。

（5）在"对象"选择区域中选择一种对原选定对象的处理方式。

（6）在"目标"选项区域中，输入新图形的路径和文件名称，或单击下拉列表框后，以显示"选择文件"对话框，对新图形的路径和文件名称进行设定。

（7）单击"确定"按钮，完成外部块的创建。

三、插入块

用于将已定义的块插入到当前图形中指定的位置。在插入的同时还可以改变所插入块图形的比例和旋转角度等。

使用"插入（INSERT）"命令插入单个块，激活命令的方法如下。

（1）菜单栏：执行"插入"→"块…"命令。

（2）工具栏：在"绘图"工具栏中单击"插入块"图标 ⬚。

（3）命令行：在命令行中输入 INSERT 或 I，按 Enter 键。

激活命令后，将打开如图 4-43 所示的"插入"对话框，用户可利用该对话框确定插入图形文件中的块名或图形文件名，也可使用该对话框确定块插入点、比例因子和旋转角。

对话框中各选项的功能如下。

① "名称"：在下拉列表框中选择要插入块的名称，或者指定要作为块插入的文件名。单击右侧的"浏览(B)"按钮，弹出"选择图形文件"对话框，在该对话框中，可以指定要插入的图形文件。

② "插入点"：可以直接使用鼠标指定块的插入点，或取消选中"在屏幕上指定"复选框，在"X""Y""Z"文本框中输入点的坐标值。

③ "比例"：指定插入块的比例。用户可以直接在"X""Y""Z"文本框中输入块在三个方向的比例。"统一比例"复选框指 X、Y 和 Z 三个方向上的比例因子是相同的。

④ "旋转"：决定插入块的旋转角度。有两种方法决定块的旋转角度，即在屏幕上指定块的旋转角度或直接输入块的旋转角度。

⑤ "分解"复选框：将插入的块分解为独立的对象，如选中该复选框，只能指定 X 比例因子。

图 4-43　"插入"对话框

四、块属性及其应用

在 AutoCAD 中，用户可对任意块指定关于该块的附加信息。这些属性就好比附于商品上面的标签一样，它包含关于所附商品的各种信息，如商品制造者、型号、原材料、价格等。通常情况下，用户在使用 BLOCK 命令给符号附加属性时，总是按照组成该符号的对象选择属性，同时，用户也可以生成一个仅包含属性的块。

1．块属性定义

激活命令的方法如下。

（1）菜单栏：执行"绘图"→"块"→"定义属性(D)"命令。

（2）命令行：在命令行中输入"ATTDEF"或"ATT"命令，按 Enter 键。

激活命令后，系统将打开如图 4-44 所示的"属性定义"对话框，该对话框包括了"模式""属性""插入点"和"文字设置"等几部分。其中"模式"选项区域可以设置属性为不可见、固定、验证或预设等；"属性"选项区域则提供了三个编辑框，用户在此编辑框中输入属性标记、提示和默认值；"插入点"选项区域用于定义插入点坐标；"文字设置"选项区域用于定义文本的对正、文字样式、文字高度及旋转等。

对话框各选项功能如下。

（1）"模式"：用于设置属性的模式。

① "不可见"：插入块并输入该属性值后属性值在图中不显示。

② "固定(C)"：在插入块时赋予属性固定值。

③ "验证(V)"：在插入块时提示验证属性值是否正确。

④ "预设(P)"：插入包含预设属性值的块时，将属性设置为默认值。

⑤ "锁定位置"：锁定块参照中属性的位置。

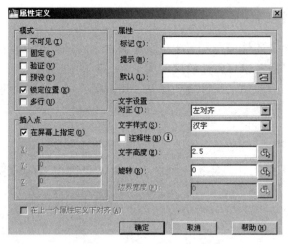

图 4-44　"属性定义"对话框

（2）"属性"：用于设置属性标记、提示内容、输入默认属性值。

① "标记(T)"：用于属性的标志即属性标签。

② "提示(M)"：用于在块插入时提示输入属性值的信息，若不输入属性提示则系统将相应的属性标签当属性提示。

③ "默认(L)"：用于输入属性的默认值，可以选取属性中使用次数较多的属性值作为其默认值。若不输入内容表示该属性无默认值。

（3）"文字设置"：用于确定属性文本的字体、对齐方式、文字高度及旋转角等。

① "对正(J)"：用于确定属性文本相对于参考点的排列形式，可以通过单击右边的下拉箭头，在弹出的下拉列表框中选择一种文本排列形式。

② "文字样式(S)"：该文本框用于确定属性文本的样式，可以通过单击右边的下拉箭头在弹出的下拉列表框中选择一种文本样式。

③ "文字高度(E)"：即文本框用于确定文本字符的高度，可直接在该项后面的文本框中输入数值，也可以单击该按钮切换到绘图窗口在命令提示行中输入数值，或用鼠标在绘图区确定两点来确定文本字符高度。

④ "旋转(R)"：用于确定属性文本的旋转角，可直接在该项后面的文本框中输入数值，也可以单击该按钮切换到绘图窗口在命令提示行中输入数值，或用鼠标在绘图区确定两点所构成的线段与X轴正向的夹角，来确定文本旋转角度。

（4）"插入点"：用于确定属性值在块中的插入点，设置属性插入点。

① 在屏幕上指定：在屏幕上点取某点作为插入点 X、Y、Z 坐标。

② X、Y、Z：插入点坐标值。

（5）"在上一个属性定义下对齐(A)"：用于设置当前定义的属性采用上一个属性的字体、文字高度及旋转角度且与上一个属性对齐。此时"文字设置"选项区域和"插入点"选项区域显示灰色不能选择。

（6）"确定"：完成"属性定义"对话框的各项设置后单击该按钮即可完成一次属性定义。可以重复该命令操作对块进行多个属性定义。将定义好的属性连同相关图形一起用块创建命令，成为带有属性的块，在块插入时按设置的属性要求对块进行文字说明。

2．插入带有属性的块

一旦用户给块附加了属性或在图形中定义了属性，用户就可以使用本节前面介绍的方法插入带属性的块。用户插入带有属性的块或图形文件时的提示和插入一个不带属性的块完全相同，只是在提示的后面增加了属性输入提示。用户可在各种属性提示下输入属性值或接受默认值。

3．块的属性编辑

当属性定义被赋予图块并已经插入到图形中时，仍然可以编辑或修改图块对象的属性值。方法有以下几种。

（1）编辑属性定义。

激活命令的方法如下。

① 菜单栏：执行"修改"→"对象"→"文字"→"编辑"命令。

② 命令行：在命令行中输入"DDEDIT"或"(ED)"命令，按 Enter 键。

③ 快速选择：双击属性定义。

激活命令后，弹出如图 4-45 所示的"增强属性编辑器"对话框，可以对其属性、文字选项和特性进行修改，修改完成后单击"确定"按钮。

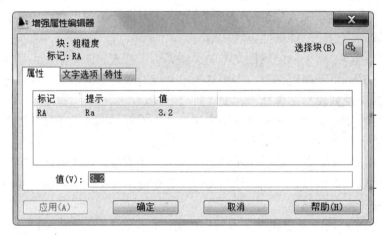

图 4-45 "增强属性编辑器"对话框

（2）"特性"对话框。

此外，用 DDMODIFY 命令启动"特性"对话框，可以修改属性定义的更多项目。

通过"特性"对话框可以方便地编辑块对象的某些特性，如图 4-46 所示。当选中插入的块后在"特性"对话框中将显示出该块的特性可以修改块的一些特性。

4．属性单个编辑

当只修改一个属性时可采用单个编辑的方法。

激活命令的方法如下。

（1）菜单栏：执行"修改"→"对象"→"属性"→"单个"命令。

（2）工具栏：在"修改"工具栏中单击"定义属性"图标。

（3）命令行：在命令行中输入"EATTEDIT"命令，按 Enter 键。

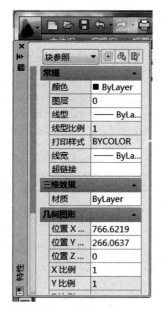

图 4-46 "特性"对话框

（4）快速选择：双击带属性的块。

激活命令后，系统将弹出如图 4-45 所示的"增强属性编辑器"对话框，可以对其属性、文字选项和特性进行修改。

5. 块属性管理器

执行"修改"→"对象"→"属性"→"块属性管理器"命令，或在"修改"工具栏中单击"块属性管理器"按钮，打开"块属性管理器"对话框，如图 4-47 所示，可在该对话框中设置块的属性。

图 4-47 "块属性管理器"对话框

五、任务实施

1. 设置绘图环境

设置绘图环境前面已介绍，这里不再赘述。

2. 按尺寸绘制图形及中心线

绘制矩形板及中心线，如图 4-48 所示。

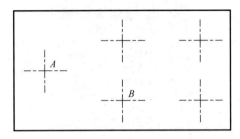

图 4-48 绘制矩形板及中心线

3. 将螺钉的端面视图创建为内部块

（1）在 0 层绘制螺钉端面视图，如图 4-49 所示。

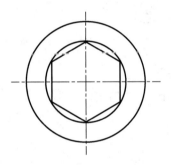

图 4-49 螺钉端面视图

（2）执行"绘图"→"块"→"创建"命令，弹出"块定义"对话框，如图 4-50 所示。

图 4-50 "块定义"对话框

（3）在"名称"文本框中输入"内六角螺钉-M12（端面视图）"。

（4）单击"对象"选项区域的"选择对象"按钮，返回绘图区域，选择螺钉端面视图，按 Enter 键，返回对话框。

（5）单击"基点"选项区域的"拾取点"按钮，返回绘图区域，拾取螺钉的中心点（$\phi18$的圆心）作为块的插入点，拾取后返回对话框。

（6）选中"按统一比例缩放"复选框，其余参数的设置如图 4-50 所示。

（7）单击"确定"按钮，完成块的创建。

4．插入一个"螺钉"块

（1）执行"插入"→"块"命令，弹出"插入"对话框，在"名称"下拉列表中选择"内六角螺钉-M12（端面视图）"选项，设置比例值为 1，旋转角度为 0°，如图 4-51 所示。

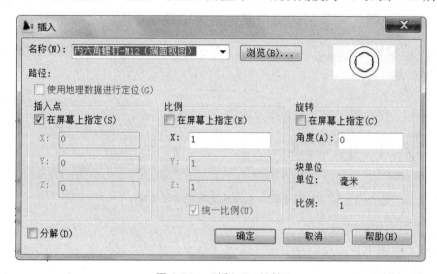

图 4-51 "插入"对话框

（2）单击"确定"按钮，返回绘图区，拾取点 *A*，确定块的插入位置，如图 4-52（a）所示。

5．插入矩形阵列块

在命令行中输入"MINSERT"命令，命令行提示：

```
命令：-minsert                                    //启动命令
输入块名或[？]：内六角螺钉-M12（端面视图）✓        //输入块名
单位：毫米 转换：1.0000                           //系统提示
指定插入点或[基点（B）／比例（S）／旋转（R）]：     //捕捉 B 点
指定比例因子<1>：✓                               //按 Enter 键，默认插入比例为 1
指定旋转角度<0>：✓                               //按 Enter 键，默认插入旋转角度为 0
输入行数（－－－）<1>：2✓                         //输入行数为 2
输入列数（｜｜｜）<1>：2✓                         //输入列数为 2
输入行间距或指定单位单元（－－－）：40✓           //输入行间距为 40
指定列间距（｜｜｜）：50✓                         //输入列间距为 50
```

结果如图 4-52（b）所示。

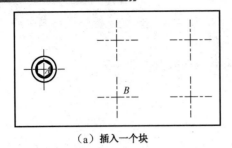 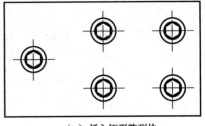

（a）插入一个块　　　　　　　　　　（b）插入矩形阵列块

图 4-52　插入块

6. 将表面粗糙度符号创建为带属性的外部块

（1）在 0 层绘制表面粗糙度符号。当尺寸数字高度为"3.5"时，表面粗糙度符号各部分尺寸如图 4-53（a）所示。

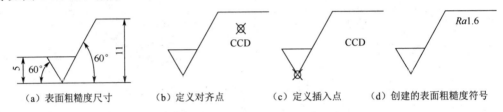

（a）表面粗糙度尺寸　　（b）定义对齐点　　（c）定义插入点　　（d）创建的表面粗糙度符号

图 4-53　创建表面粗糙度属性块

（2）定义表面粗糙度的属性。

① 执行"绘图"→"块"→"定义属性"命令，弹出"属性定义"对话框，并按图示进行设置，如图 4-54 所示。

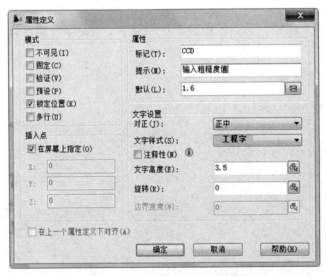

图 4-54　"属性定义"对话框

② 单击"确定"按钮，返回绘图区，在表面粗糙度符号水平线的上方位置单击（本例采用的是文字对齐为正中），确定属性的位置，如图 4-53 所示。

（3）创建表面粗糙度外部块。

① 输入 WBLOCK 命令，弹出如图 4-55 所示"写块"对话框。

图4-55 "写块"对话框

② 在"源"选项区域选中"对象"单选按钮，指定通过选择对象方式确定所要定义块的来源。

③ 单击"对象"选项区域中的"选择对象"，返回绘图区域，选择已定义属性的表面粗糙度符号，按 Enter 键，返回对话框。

④ 单击"基点"选项区域中的"拾取点"按钮，返回绘图区域，拾取如图 4-53（c）所示的表面粗糙度符号最下方的点，作为块插入时的基点。

⑤ 在"文件名和路径"下拉列表中（或单击其右方按钮）选择块的保存路径、确定块名，本例中块的保存路径为"D：\Documents\新块"，块名为"表面粗糙度"，如图 4-55 所示。

⑥ 单击"确定"按钮，弹出如图 4-56 所示的"编辑属性"对话框，输入粗糙度值。

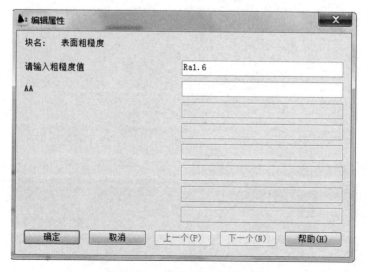

图4-56 "编辑属性"对话框

⑦ 单击"确定"按钮，关闭对话框，完成外部块的定义。

7. 插入表面粗糙度符号

（1）执行"插入"→"块"命令，弹出"插入块"对话框，在"名称"下拉列表中选择"表面粗糙度"选项。

（2）选中"统一比例"复选框。

（3）单击"确定"按钮，返回绘图区，在矩形板上表面适当位置单击，确定插入块的位置。

（4）在命令行中输入所需表面粗糙度值"3.2"，按 Enter 键，完成块的插入。

（5）同样方法，左侧面插入另一个表面粗糙度符号，旋转 90°，表面粗糙度值为"1.6"。

8. 保存图形文件

在 AutoCAD 文件中，单击"保存"按钮，即可保存图形文件。

项目五
尺寸标注

 知识目标

1. 掌握创建和修改标注样式的方法。
2. 掌握基本尺寸的标注方法。
3. 掌握尺寸标注的编辑方法。
4. 掌握行位公差和尺寸公差的标注方法。

技能目标

1. 能根据需要正确创建、修改标注样式。
2. 能正确标注符合国家标准的尺寸。
3. 掌握 AutoCAD 2010 中进行尺寸标注的方法。

任务 完成模板的标注

通过图 5-1 所示的图形标注学习"创建标注样式"的方法、"尺寸标注的编辑"方法，多重引线、形位公差和尺寸公差的标注方法。

一、尺寸标注基础

尺寸标注是工程制图中最重要的表达方法，利用尺寸标注命令，可以方便快速地标注图纸中各个方向、各种形式的尺寸，在介绍具体的标注命令和标注方法之前，用户应先了解一下 AutoCAD 2010 中尺寸标注方面的一些基本知识，包括尺寸标注的规则、尺寸标注的组成、尺寸标注的步骤。

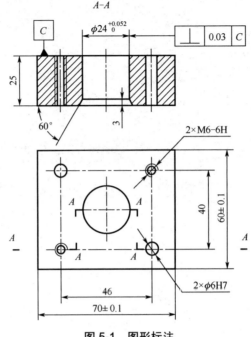

图 5-1　图形标注

1．尺寸标注的规则

使用 AutoCAD 对绘制的图形进行尺寸标注时，应遵守以下规则。

（1）图形对象的大小以尺寸数值所表示的大小为准，与图线绘制的精度和输出时的精度无关。

（2）一般情况下，采用毫米为单位时不需要注写单位，否则应该明确注写尺寸所用单位。

（3）尺寸标注所用字符的大小和格式必须满足国家标准。在同一图形中，同一类终端应该相同，尺寸数字大小应该相同，尺寸线间隔应该相同。

（4）尺寸数字和图线重合时，必须将图线断开。如果图线不便于断开来表达对象时，应该调整尺寸标注的位置。

除角度尺寸外，尺寸文字一般与尺寸线对齐，角度尺寸文字始终水平书写，不随角度方向而变化。尺寸文字的字号一般用 3.5 或 5 号字，位于尺寸线的上方，或者尺寸线的中断处。尺寸界线起点偏移量为 0，尺寸界线超出尺寸线约为 2.5mm。

2．尺寸的组成要素

一个完整的尺寸标注由尺寸界线、尺寸线、箭头、尺寸文字四部分组成，如图 5-2 所示。

二、尺寸样式的创建

在标注尺寸之前，一般应先根据国家标准的有关要求创建尺寸样式。

1．激活命令的方法

（1）菜单栏：执行"格式"→"标注样式"或"标注"→"标注样式"命令。

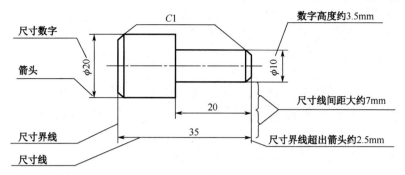

图 5-2 尺寸标注的组成

（2）工具栏：单击"样式"→"标注样式"或"标注"→"标注样式"按钮。

（3）命令行：输入"DIMSTYLE"命令后按 Enter 键。

激活命令后，弹出如图 5-3 所示的"标注样式管理器"对话框，"样式"列表中列出了当前图形文件中所有已创建的尺寸样式，并显示了当前样式名及其预览图，默认的尺寸样式为"ISO-25"。

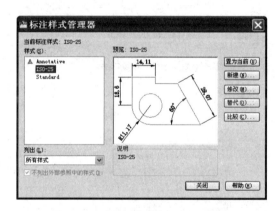

图 5-3 "标注样式管理器"对话框

2. 对话框各项含义

（1）"样式"列表：显示了目前图形中定义的标注样式。

（2）"预览"窗口：显示设置的标注样式图形。

（3）"列出"列表框：可以选择列出"所有样式"或只列出"正在使用的样式"。

（4）"置为当前"按钮：将所选的样式置为当前的样式，在随后的标注中，将采用该样式标注尺寸。

（5）"新建"按钮：新建一种标注样式。单击该按钮，弹出如图 5-4 所示的"创建新标注样式"对话框。

其中，可以在"新样式名"框中输入创建标注的名称；可以在"基础样式"的下拉列表框中选择一种已有的样式作为该新样式的基础样式；也可以单击"用于"下拉列表框，选择该新样式适用的标注类型，如图 5-5 所示。

单击"创建新标注样式"对话框中的"继续"按钮，弹出如图 5-6 所示的"新建标注样式"对话框。

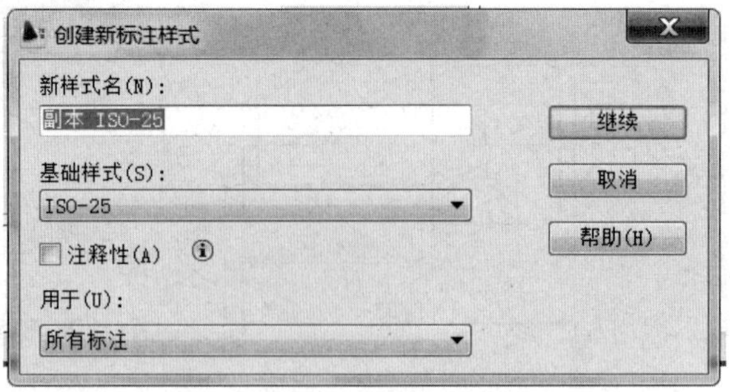

图 5-4 "创建新标注样式"对话框

图 5-5 "用于"类型列表

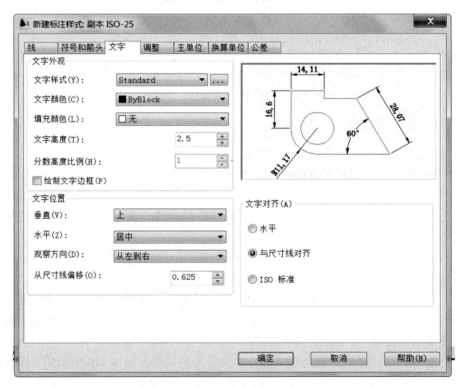

图 5-6 "新建标注样式"对话框

（6）"修改"按钮：修改选择的标注样式。单击该按钮后，将弹出"修改标注样式"对话框，如图5-7所示。

图5-7 "修改标注样式"对话框

（7）"替代"按钮：为当前标注样式定义"替代标注样式"。在特殊的场合需要对某个细小的地方进行修改，而又不想创建一种新的样式，可以为该标注定义一种替代样式。

（8）"比较"按钮：列表显示两种样式设定的区别。如果没有区别，则显示尺寸变量值，否则显示两种样式之间变量的区别，如图5-8所示。

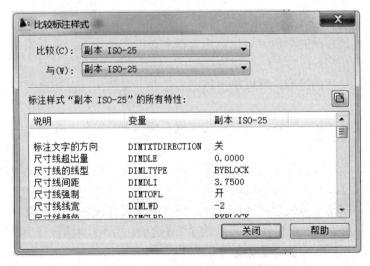

图5-8 "比较标注样式"对话框

3．创建尺寸标注样式

（1）"线"选项卡：选择"新建标注样式"对话框中的"线"选项卡后，对话框形式如图 5-9 所示。在该对话框中，可以设置尺寸线、尺寸界线、箭头及中心标记的格式，另外还可以设置颜色等。

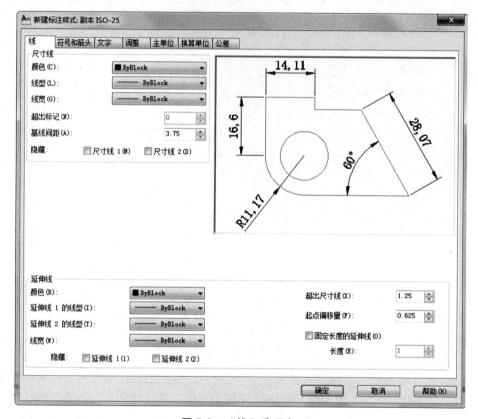

图 5-9　"线"选项卡

对话框各项含义如下。

① "尺寸线"选项区域。

"颜色"：设置尺寸线的颜色，可以单击该框右边的下拉箭头，在弹出的下拉列表框中，选择所需的颜色。

"线型"：设置尺寸的线型，可以单击该框右边的下拉箭头，在弹出的下拉列表框中，选择所需的线型。

"线宽"：设置尺寸线的线宽，可以单击该框右边的下拉箭头，在弹出的下拉列表框中，选择所需的线宽。

"超出标记"：当尺寸箭头采用倾斜、建筑标记、小点、积分或无标记等样式时，使用该文本框可以设置尺寸线超出尺寸界线的长度。

"基线间距"：在使用基线型尺寸标注时，设置两条尺寸线之间的距离。

"隐藏"：控制尺寸线的可见性。"尺寸线 1"复选框，用于控制第一尺寸线的可见性；"尺寸线 2"复选框，用于控制第二尺寸线的可见性。

"尺寸线"区不同设定的效果如图 5-10 所示。

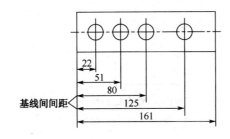

（a）基线间距

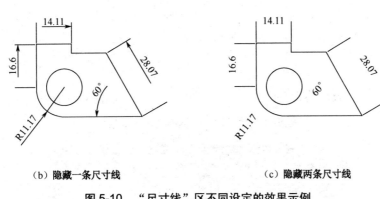

（b）隐藏一条尺寸线　　　　　　　　　（c）隐藏两条尺寸线

图 5-10　"尺寸线"区不同设定的效果示例

② "延伸线"选项区域。

"颜色"：设置尺寸界线的颜色，可以单击该框右边的下拉箭头，在弹出的下拉列表框中，选择所需的颜色。

"延伸线 1 的线型"：用于设置"延伸线 1"的线型，可以单击该框右边的下拉箭头，在弹出的下拉列表框中，选择所需的线型。

"延伸线 2 的线型"：用于设置"延伸线 2"的线型，可以单击该框右边的下拉箭头，在弹出的下拉列表框中，选择所需的线型。

"线宽"：设置尺寸界线的线宽，可以单击该框右边的下拉箭头，在弹出的下拉列表框中，选择所需的线宽。

"超出尺寸线"：用于设置尺寸界线超过尺寸线的距离。

"起点偏移量"：用于设置尺寸界线的起点与被标注定义点的距离。

"隐藏"：控制尺寸界线的可见性。"延伸线 1"复选框，用于控制第一尺寸界线的可见性；"延伸线 2"复选框，用于控制第二尺寸界线的可见性。

"延伸线"区不同设定的效果如图 5-11 所示。

（2）"符号和箭头"选项卡。

选择"新建标注样式"对话框中的"符号和箭头"选项卡后，对话框形式如图 5-12 所示。对话框各项含义如下。

① "箭头"：可以设置尺寸线和引线箭头的类型及箭头尺寸的大小。一般情况下，尺寸线的两个箭头应一致。

② "圆心标记"：用于设置圆心标记的类型和大小。控制圆心标记的类型为"无""标记"或"直线"，如图 5-13 所示。

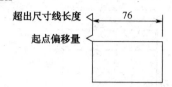

（a）超出尺寸线长度和起点偏移量

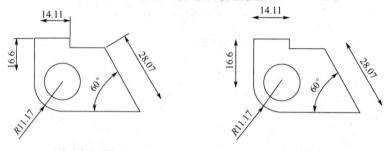

（b）隐藏一条延伸线　　　　　　　　　　（c）隐藏两条延伸线

图 5-11　"延伸线"区不同设定的效果

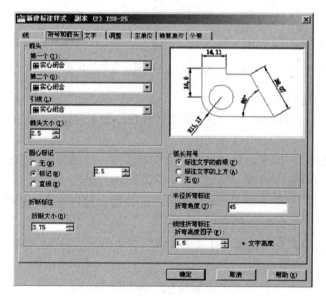

图 5-12　"符号和箭头"选项卡

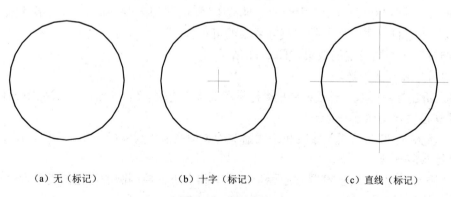

（a）无（标记）　　　　　　（b）十字（标记）　　　　　　（c）直线（标记）

图 5-13　圆心标记

③ "折断标注"：控制折断标注的间距宽度，在随后的编辑框中可以设定折断大小的数值，如图 5-14 所示。

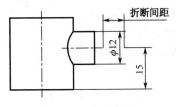

图 5-14　折断间距

④ "弧长符号"：可以设置弧长符号显示的位置。弧长符号放置位置如图 5-15 所示。

标注文字的前缀：将弧长符号放置在标注文字之前。

标注文字的上方：将弧长符号放置在标注文字的上方。

无：不显示弧长符号。

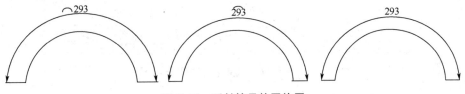

图 5-15　弧长符号放置位置

⑤ "半径折弯标注"：用于设置标注线的折弯角度大小。可以在"折弯角度"文本框中设置折弯角度大小。当中心点位于图纸之外不便于直接标注时，往往采用折弯半径标注的方法。

"折弯角度"：确定半径折弯标注中，尺寸线横向线段的角度，如图 5-16 所示。

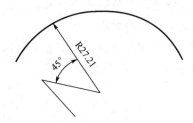

图 5-16　半径折弯标注

⑥ "线性折弯标注"：控制线性标注折弯的显示。当标注不能精确表示实际尺寸时，通常将折弯线添加到线性标注中。

"折弯高度因子"：通过形成折弯角度的两个顶点之间的距离确定折弯高度。

（3）"文字"选项卡。

选择"新建标注样式"对话框中的"文字"选项卡后，对话框形式如图 5-17 所示。在该对话框中，可以设置标注文字的外观、位置和对齐方式。

对话框各项含义如下。

① "文字外观"选项区域。

"文字样式"：设定注写尺寸时使用的文字样式。该样式必须是通过文字样式设定命令设定后才会出现在下拉列表框中。

"文字颜色"：设定文字的颜色。

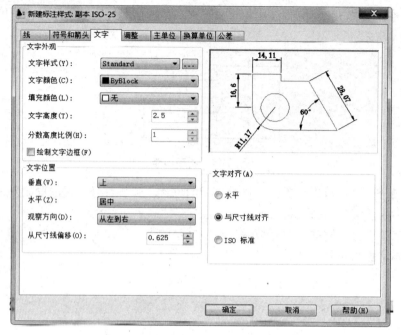

图 5-17　"文字"选项卡

"填充颜色"：设置文字背景的颜色。

"文字高度"：设定文字的高度。该高度值仅在选择的文字样式中文字高度设定为 0 时才会起作用。如果所选文字样式的高度不为 0，则尺寸标注中的文字高度即是文字样式中设定的固定高度。

"分数高度比例"：用来设定分数和公差标注中分数和公差部分文字的高度。该值为一系数，具体的高度等于该系数和文字高度的乘积。

"绘制文字边框"：该复选框用来确定是否在绘制文字时增加边框。

"文字外观"区各种设定的含义示例如图 5-18 所示。

图 5-18　"文字外观"效果示例

② "文字位置"选项区域。

"垂直"：设置文字在垂直方向上的位置。可以选择居中、上方、外部或 JIS 位置如图 5-19 所示。

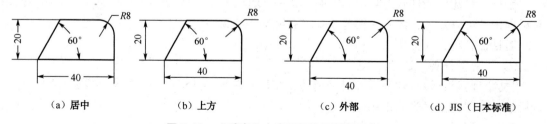

图 5-19　"垂直"文字不同位置效果示例

"水平"：设置文字在水平方向上的位置。可以选择居中、第一条延伸线上方、第二条延伸线上方、第一条尺寸界线上方、第二条尺寸界线上方等位置，如图 5-20 所示。

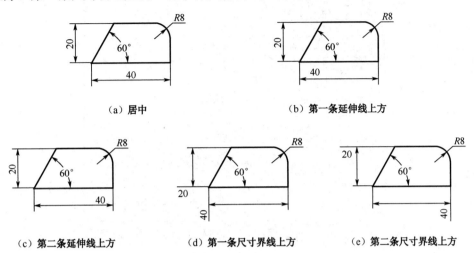

（a）居中　　　　　　　　　　　　　（b）第一条延伸线上方

（c）第二条延伸线上方　　　　（d）第一条尺寸界线上方　　　　（e）第二条尺寸界线上方

图 5-20　"水平"文字不同位置效果示例

"观察方向"：控制标注文字的观察方向，"观察方向"包括以下选项。

● "从左到右"：按从左到右阅读的方式放置文字，数字方向朝向左、上。

● "从右到左"：按从右到左阅读的方式放置文字，数字方向朝向右、下。

● "从尺寸线偏移"：设置文字和尺寸线之间的间隔，图 5-21 所示为"从尺寸线偏移"效果示例。

③ "文字对齐"选项区域。

"水平"：文字一律水平放置。

"与尺寸线对齐"：文字方向与尺寸线平行。

"ISO 标准"：当文字在延伸线内时，文字与尺寸线对齐；当文字在尺寸线外时，文字成水平放置。"文字对齐"效果示例如图 5-22 所示。

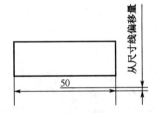

图 5-21　"从尺寸线偏移"效果示例

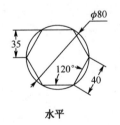
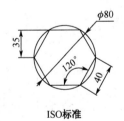

水平　　　　　　　　　　与尺寸线对齐　　　　　　　　ISO标准

图 5-22　"文字对齐"效果示例

（4）"调整"选项卡。

选择"新建标注样式"对话框中的"调整"选项卡后，对话框形式如图 5-23 所示。在该对话框中，用于设置标注文字、尺寸线、尺寸箭头的位置。

对话框各项含义如下。

① "调整选项（F）"选项区域。

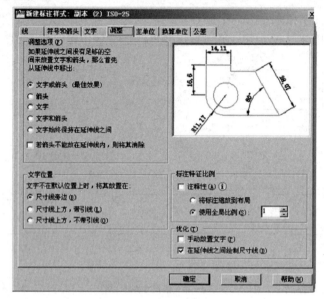

图 5-23　"调整"选项卡

"文字或箭头（最佳效果）"：当延伸线之间空间不够放置文字和箭头时，AutoCAD 自动选择最佳放置效果，该项为默认设置。

"箭头"：当延伸线之间空间不够放置文字和箭头时，首先将箭头从尺寸线间移出去。

"文字"：当延伸线之间空间不够放置文字和箭头时，首先将文字从尺寸线间移出去。

"文字和箭头"：当延伸线之间空间不够放置文字和箭头时，首先将文字和箭头从尺寸线间移出去。

"文字始终保持在延伸线之间"：无论延伸线之间空间是否足够放置文字和箭头，将文字始终保持在尺寸延伸线之间。

"若箭头不能放在延伸线内，则将其消除"：该复选框设定了当延伸线之间空间不够放置文字和箭头时，将箭头消除。

"调整选项"区不同设置效果示例如图 5-24 所示。

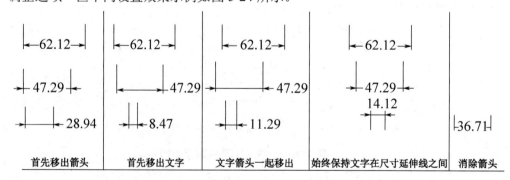

图 5-24　"调整选项"的不同设置效果示例

②　"文字位置"选项区域。

"尺寸线旁边"：当文字不在默认位置时，将文字放置在尺寸线旁边。

"尺寸线上方，带引线"：当文字不在默认位置时，将文字放置在尺寸线上方，加上指引线。

"尺寸线上方，不带引线"：当文字不在默认位置时，将文字放置在尺寸线上方，不带指引线。

"文字位置"的不同设置效果示例如图 5-25 所示的。

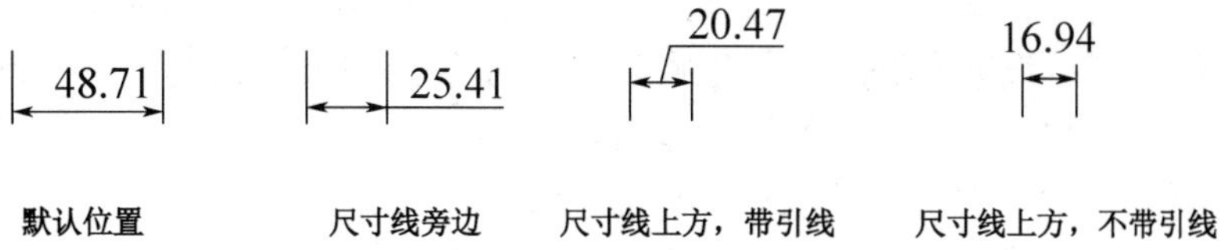

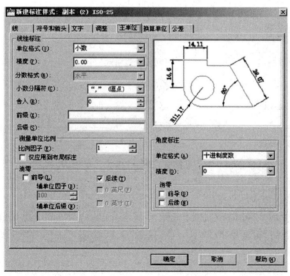

48.71	25.41	20.47	16.94
默认位置	尺寸线旁边	尺寸线上方，带引线	尺寸线上方，不带引线

图 5-25　"文字位置"的不同设置效果示例

③ 标注特征比例：用于设置全局标注比例或布局(图纸空间)比例。所设置的尺寸标注比例因子将影响整个尺寸标注所包含的内容。

● "注释性"：该复选框指定标注为注释性。
● "将标注缩放到布局"：　根据当前模型空间视口和图纸空间的比例设置比例因子。
● "使用全局比例"：用于选择和设置尺寸比例因子，使之与当前图形的比例因子相符。
④ 优化：用来设置标注尺寸时是否进行优化调整。

"手动放置文字"：根据需要，手动放置文字。

"在延伸线之间绘制尺寸线"：无论尺寸文本在延伸线里面还是外面，均在延伸线之间绘制尺寸线。

（5）"主单位"选项卡。

选择"新建标注样式"对话框中的"主单位"选项卡后，对话框形式如图 5-26 所示。在该对话框中，用于设置主单位的格式、精度和标注文本的前缀、后缀等。对话框各项含义如下。

图 5-26　"主单位"选项卡

① "线性标注"选项区域。

"单位格式(U)"：选择标注单位格式。单击该框右边的下拉箭头，在弹出的下拉列表框中，选择所需的单位格式。单位格式有"科学""小数""工程""建筑""分数""Windows 桌面"。

一般情况下，设置为"小数"。

"精度(P)"：设置尺寸标注的精度，即保留小数点后的位数，一般情况下设置为"0"。

"分数格式"：设置分数的格式，该选项只有在"单位格式(U)"选择为"分数"或"建筑"后才有效。在下拉列表框中有 3 个选项，即"水平""对角"和"非堆叠"。

"小数分隔符"：设置十进制数的整数部分之间的分隔符，设置为","（逗点）。

"舍入"：设定测量尺寸的圆整值，即精确位数。

"前缀"和"后缀"：设置尺寸文本的前缀和后缀。在相应的文本框中，输入尺寸文本的说明文字或类型代号等内容。

② "测量单位比例"选项区域。

"比例因子"：该微调框可以设置测量尺寸的缩放比例，系统的实际标注值为测量值与该比例因子的乘积。

"仅应用到布局标注"：选中该复选框，可以设置该比例关系是否仅适用于布局。

③ "消零"选项区域。

"前导"：系统不输出十进制尺寸的前导零。

"后续"：系统不输出十进制尺寸的后续零。

"0 英尺"或"0 英寸"：在选择英尺或英寸为单位时，控制零的可见性。

④ "角度标注"选项区域。

"单位格式"：设置标注角度时的单位，可供选择项有"十进制度数""度/分/秒""百分度"和"弧度"，一般设置为"十进制度数"。

"精度"：设置标注角度的尺寸精度，一般设置为"0"。

"消零"：设置是否消除角度尺寸的前导零或后续零。

"分数格式和单位格式"设置效果示例如图 5-27 所示。

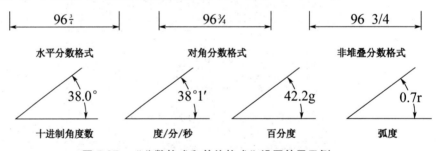

图 5-27 "分数格式和单位格式"设置效果示例

（6）"换算单位"选项卡。

选择"新建标注样式"对话框中的"换算单位"选项卡后，对话框形式如图 5-28 所示。在该对话框中，用于设置换算单位格式。机械标注不经常采用，应选择不显示换算单位。其各操作项与"主单位"选项卡基本相同。

（7）"公差"选项卡。

选择"新建标注样式"对话框中的"公差"选项卡后，对话框形式如图 5-29 所示。在该对话框中，用于设置是否标注公差，以及以何种方式进行标注。

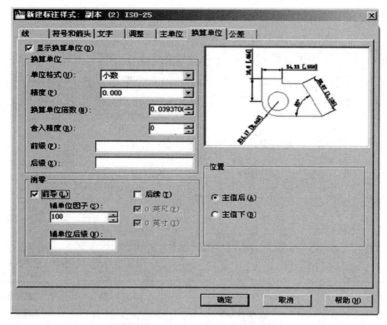

图 5-28　"换算单位"选项卡

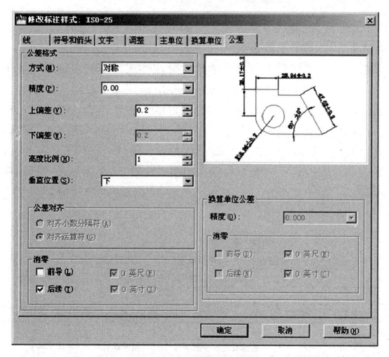

图 5-29　"公差"选项卡

对话框各项含义如下。

① "公差格式"：设置公差标注格式。

"方式"：选择公差标注类型。单击该列表框右侧的下拉箭头，在弹出的下拉列表框中，选择所需的公差标注格式。公差的格式有"无""对称""极限偏差""极限尺寸"和"基本尺寸"（标注基本尺寸，并在基本尺寸外加方框）。

"精度"：设置尺寸公差精度。

"上偏差"和"下偏差"：用于设置尺寸的上偏差和下偏差。

"高度比例"： 设置公差文字相对于尺寸文字的高度比例。

"垂直位置"：控制尺寸公差文字相对于尺寸文字的摆放位置。其位置包括"下"（即尺寸公差对齐尺寸文本的下边缘）、"中"（即尺寸公差对齐尺寸文本的中线）、"上"（即尺寸公差对齐尺寸文本的上边缘）。

"公差方式和垂直位置"设置效果示例如图 5-30 所示。

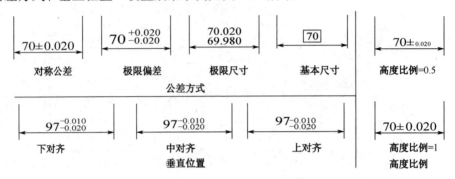

图 5-30 "公差方式、垂直位置和高度比例"设置效果示例

② "换算单位公差"：设置换算公差单位的精度和消零的规则。

③ "消零"：控制公差中小数点前或后零的可见性。

当完成各项操作后，就建立了一个新的尺寸标注样式，单击"确定"按钮，返回到"标注样式管理器"对话框，再单击"关闭"按钮，完成新尺寸标注样式的设置。

在设置好尺寸标注样式后，就可以采用设置好的"标注样式"进行尺寸标注了。按照标注尺寸的类型，可以将尺寸分为长度尺寸、半径、直径、坐标、指引线、圆心标记等；按照标注的方式，可以将尺寸标注分为水平、垂直、对齐、连续、基线等。AutoCAD 所有的尺寸标注命令均可通过菜单、工具栏和命令行输入打开。如图 5-31 所示的"标注"工具栏，在默认状态下是不显示的，用户可以在任一工具栏上右击，在弹出的快捷菜单中选择"标注"命令，即可打开"标注"工具栏。

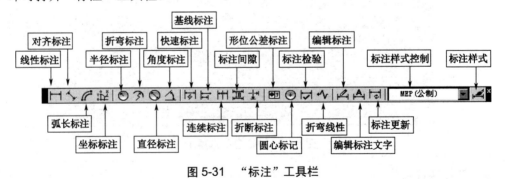

图 5-31 "标注"工具栏

三、尺寸标注

"尺寸标注"效果示例如图 5-32 所示。

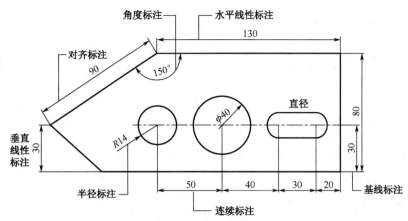

图 5-32　"尺寸标注"效果示例

1．线性标注

线性标注用于标注两点间的水平尺寸或垂直尺寸。

线性标注用于标注线性尺寸，该功能可以根据用户操作自动判别标出水平尺寸或垂直尺寸，在指定尺寸线倾斜角后，可以标注斜向尺寸。

激活命令的方法如下。

（1）菜单栏：执行"标注"→"线性"命令。

（2）工具栏：单击"标注"工具栏中的 ⊢⊣ 图标。

（3）命令行：输入"DIMLINEAR"或"DLI"命令后，按 Enter 键。

激活命令后，命令行提示：

> 指定第一条尺寸界线原点或<选择对象>：(定义线性尺寸第一条尺寸界线的起始点，可以直接指定点，也可以按Enter键选择对象，那将直接标注对象两端点间的水平或垂直距离)
>
> 指定第二条尺寸界线原点：定义线性尺寸第二条尺寸界线的起始点；
>
> 指定尺寸线位置或[多行文字(M)/文字(T)/角度(A)/水平(H)/垂直(V)/旋转(R)]：

各选项功能如下。

（1）多行文字(M)：选择该项，将弹出多行文字编辑器，可以重新编辑尺寸数字。

（2）文字(T)：用单行文字方式重新指定尺寸数字。

（3）角度(A)：设定文字的倾斜角度。

（4）水平(H)：确定是进行水平尺寸标注。

（5）垂直(V)：确定是进行垂直尺寸标注。

（6）旋转(R)：指定尺寸线与尺寸界线的旋转角度（以原尺寸线为零起点）。如图 5-33 所示为设置旋转 45° 后的线性标注尺寸。

2．对齐标注

对齐标注用于标注倾斜对象的实长。对齐标注的尺寸线平行于被测对象。如图 5-34 所示为对齐标注尺寸。

激活命令的方法如下。

（1）菜单栏：执行"标注"→"对齐"命令。

（2）工具栏：单击"标注"工具栏中的 ⬂ 图标。

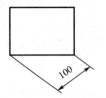

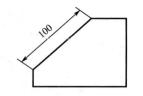

图 5-33　设置旋转后的线性标注尺寸　　　　　图 5-34　"对齐"标注尺寸

（3）命令行：输入"DIMALGNED"或"DAL"命令，按 Enter 键。

对齐标注与线性标注类似，这里不再赘述。

3．弧长标注

弧长标注用于标注圆弧的弧长，其效果示例如图 5-35 所示。

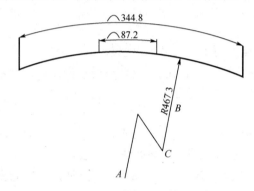

图 5-35　"弧长标注"效果示例

激活命令的方法如下。

（1）菜单栏：执行"标注"→"弧长"命令。

（2）工具栏：单击"标注"工具栏中的 图标。

（3）命令行：输入"DIMARC"命令后按 Enter 键。

激活命令后，命令行提示：

> 选择弧线段或多段线圆弧段：　　　//指定标注圆弧
>
> 指定弧长标注位置或[多行文字(M)/文字(m)/角度(A)/部分(P)/引线(L)]：
>
> 　　　　　　　　　　　　　　//拖动光标确定尺寸线位置或输入选项

各选项功能如下。

（1）部分(P)：标注所选圆弧的部分弧长。

（2）引线(L)：标注弧长是否带引线，机械图样不需要带引线。

4．坐标标注

坐标标注用于指定相对于 UCS 原点的 X 坐标或 Y 坐标值，其效果标注如图 5-36 所示。

激活命令的方法如下。

（1）菜单栏：执行"标注"→"坐标"命令。

（2）工具栏：单击"标注"工具栏中的 图标。

（3）命令行：输入"DIMORDINATE"或"DOR"命令后按 Enter 键。

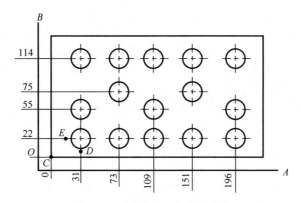

图 5-36 "坐标标注"效果示例

激活命令后，命令行提示：

命令：_dimordinate
指定点坐标：   //指定标注点
指定引线端点或[X 基准(X) / Y 基准(Y)/多行文字(M)/文字(T)/角度(A)]：
                          //拖动鼠标指针确定 X、Y 坐标值，单击或输入选项
标注文字=XX (测量尺寸)

各选项功能如下。

（1）指定点坐标：指定需要标注坐标的点。

（2）指定引线端点：指定坐标标注中引线的端点。

（3）X 基准(X)：标注 X 坐标。

（4）Y 基准(Y)：标注 Y 坐标。

（5）多行文字(M)：通过多行文字编辑器输入文字。

（6）文字(T)：输入单行文字。

（7）角度(A)：指定文字旋转角度。

5．半径标注

半径标注用于标注圆或圆弧的半径，其效果示例如图 5-37 所示。

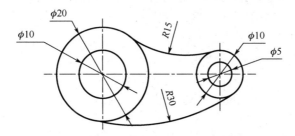

图 5-37 "半径和直径标注"效果示例

激活命令的方法如下。

（1）菜单栏：执行"标注"→"半径"命令。

（2）工具栏：单击"标注"工具栏中的 <img> 图标。

（3）命令行：输入"DIMRADIUS"或"DRA"命令后按 Enter 键。

激活命令后，命令行提示：

> 命令：_dimradius
> 选择圆弧或圆：
> 标注文字 =XX
> 指定尺寸线位置或 [多行文字(M)/文字(T)/角度(A)]：

各选项功能如下。

（1）选择圆弧或圆：选择标注半径的对象。

（2）指定尺寸线位置：定义尺寸线的位置，尺寸线通过圆心。确定尺寸线的位置拾取点对文字的位置有影响，与"尺寸样式"对话框中文字、直线、箭头的设置有关。

（3）多行文字(M)：通过多行文字编辑器输入标注文字。

（4）文字(T)：输入单行文字。

（5）角度(A)：定义文字旋转角度。

6．直径标注

直径标注用于标注圆和圆弧的直径。标注时系统自动生成直径符号"ϕ"。

激活命令的方法如下。

（1）菜单栏：执行"标注"→"直径"命令。

（2）工具栏：单击"标注"工具栏中的 ⃠ 图标。

（3）命令行：输入"DIMDIAMETER"或"DDI"命令后按 Enter 键。

激活命令后，命令行提示：

> 命令：_dimdiameter
> 选择圆弧或圆：
> 标注文字=XX
> 指定尺寸线位置或 [多行文字(M)/文字(T)/角度(A)]：

各选项功能与半径标注类似，这里不再赘述。

7．角度标注

角度标注用于标注圆弧或部分圆周之间的夹角，两条非平等线之间的夹角或不共线的三点之间的夹角。在机械制图中要求角度尺寸文字一律水平书写。

激活命令的方法如下。

（1）菜单栏：执行"标注"→"角度"命令。

（2）工具栏：单击"标注"工具栏中的 △ 图标。

（3）命令行：输入"DIMANGULAR"或"DAN"命令后按 Enter 键。

激活命令后，命令行提示：

> 命令：_dimangular
> 选择圆弧、圆、直线或 <指定顶点>：
> 指定角的顶点：
> 指定角的第一个端点：
> 指定角的第二个端点：
> 选择第二条直线：

指定标注弧线位置或 [多行文字(M)/文字(T)/角度(A)]：

各选项功能如下。

（1）选择圆弧、圆、直线：选择角度标注的对象。

（2）指定角的顶点：指定角度的顶点和两个端点来确定角度。

（3）指定角的第二个端点：如果选择了圆，则出现该提示。角度以圆心为顶点，以选择圆弧时的拾取点为第一个端点，此时指定第二个端点即自动标注出大小。

（4）指定标注弧线位置：定义圆弧尺寸线摆放的位置。

（5）多行文字(M)：打开多行文字编辑器，用户可以通过多行文字编辑器来编辑注写的文字。测量的数值用"<>"来表示，用户可以将其删除也可以在其前后增加其他文字。

（6）文字(T)：进行单行文字输入。测量值同样用"<>"来表示。

（7）角度(A)：设定文字的倾斜角度。

"角度标注"效果示例如图 5-38 所示。

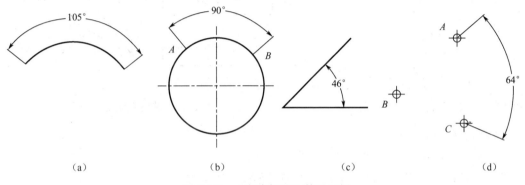

（a）   （b）   （c）   （d）

图 5-38　"角度标注"效果示例

8．折弯标注

折弯标注用于标注圆心不在图纸范围内或不便指定圆心位置的大圆弧半径。

激活命令的方法如下。

（1）菜单栏：执行"标注"→"折弯"命令。

（2）工具栏：单击"标注"工具栏中的 ⚡ 图标。

（3）命令行：输入"DIMDJOGGED"命令后按 Enter 键。

激活命令后，命令行提示：

```
命令：_dimjogged
选择圆弧或圆：
指定中心位置替代：
标注文字 = xx
指定尺寸线位置或 [多行文字(M)/文字(T)/角度(A)]：
指定折弯位置：
```

各选项功能如下。

（1）选择圆弧或圆：选择需要标注的圆弧或圆。

（2）指定中心位置替代：指定一个点以便取代正常半径标注的圆心。

（3）指定尺寸线位置：指定尺寸线摆放的位置。

（4）多行文字(M)：打开"在位文字编辑器"，输入多行文本。

（5）文字(T)：在命令行输入标注的单行文本。

（6）角度(A)：设置标注文字的角度。

（7）指定折弯位置：指定折弯的中点。

"折弯标注"效果示例如图 5-39 所示。

9. 基线标注

基线标注是以现有尺寸界线为基线，来标注新的尺寸。一次可以标注多个尺寸，如图 5-40 所示。

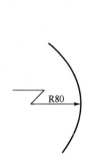

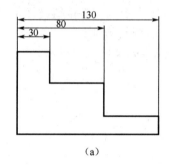

（a）

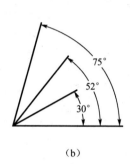

（b）

图 5-39   "折弯标注"效果示例   图 5-40   基线标注

激活命令的方法如下。

（1）菜单栏：执行"标注"→"基线"命令。

（2）工具栏：单击"标注"工具栏中的"基线"图标 。

（3）命令行：输入"DIMBASELINE"或"DBA"命令后，按 Enter 键。

激活命令后，命令行提示：

命令：_dimbaseline
选择基准标注： 需要线性、坐标或角度关联标注
指定第二条延伸线原点或 [放弃(U)/选择(S)] <选择>：
指定点坐标或 [放弃(U)/选择(S)] <选择>：

各选项功能如下。

（1）选择基准标注：选择基线标注的基准标注，后面的尺寸以此为基准进行标注。

（2）指定第二条延伸线原点：定义第二条延伸线的位置，第一条延伸线由基准确定。

（3）放弃(U)：放弃上一个基线尺寸标注。

（4）选择(S)：选择基线标注基准。

（5）指定点坐标：如果选择了坐标标注，则出现该提示，要求指定点坐标。该选项同样相当于连续输入坐标标注"DIMORDINATE"命令。

10. 连续标注

连续标注是一种多个尺寸标注首尾相连的标注。把已存在尺寸的第二条尺寸界限的起点作为新尺寸的第一条尺寸界线的起点，来进行连续尺寸的标注，其效果示例如图 5-41 所示。

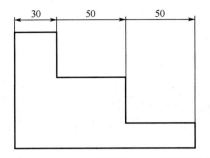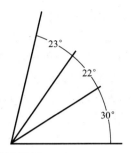

图 5-41　"连续标注"效果示例

激活命令的方法如下。

（1）菜单栏：执行"标注"→"连续"命令。

（2）工具栏：单击"标注"工具栏中的"连续"图标 ᴴᴴᴴ。

（3）应命令行：输入"DIMCONTINUS"或"DCO"命令后按 Enter 键。

激活命令后，命令行提示：

> 命令：_dimcontinue
>
> 选择连续标注：需要线性、坐标或角度关联标注
>
> 指定第二条延伸线原点或 [放弃(U)/选择(S)] <选择>：
>
> 指定点坐标或 [放弃(U)/选择(S)] <选择>：

各选项功能与基线标注类似，这里不再赘述。

11．快速标注

快速标注可以快速创建或编辑基线标注、连续标注或为圆、圆弧创建标注。可以一次选择多个对象，AutoCAD 将自动完成对所选对象的标注。

激活命令的方法如下。

（1）菜单栏：执行"标注"→"快速标注"命令。

（2）工具栏：单击"标注"工具栏中的 ᴴ 图标。

（3）命令行：输入"QDIM"命令后按 Enter 键。

激活命令后，命令行提示：

> 命令：_qdim
>
> 关联标注优先级=端点
>
> 选择要标注的几何图形：　　　　//选择要标注尺寸的几何体
>
> 选择要标注的几何图形：　　　　//结束要标注尺寸的几何体选择
>
> 指定尺寸线位置或[连续(C)/并列(S)/基线(B)/坐标(O)/半径(R)/直径(D)/基准点(P)/编辑(E)/设置(T)]<半径>：　　//输入选择项

各选项功能如下。

（1）指定尺寸线位置：确定尺寸线位置。直接确定尺寸位置时，则系统按测量值对所选择的实体进行快速标注。

（2）连续(C)：创建一系列连续并列尺寸标注方式。

（3）并列(S)：按相交关系创建一系列并列尺寸标注。

（4）基线(B)：创建基线尺寸标注。

（5）坐标(O)：创建以基点为标准，标注其他端点相对于基点的相对坐标。

（6）半径(R)：创建半径尺寸标注方式。

（7）直径(D)：创建直径尺寸标注方式。

（8）基准点(P)：为基线和坐标标注设置新的基点。

（9）编辑(E)：从选择的几何体尺寸标注中添加或删除标注点，即尺寸界线数。提示如下。

指定要删除的标注点或 [添加(A)/退出(X)]<退出>：（输入选择项）

① 指定要删除的标注点：直接指定要删除的标注点，减少几何体尺寸标注中的标注端点数量。

② 添加（A）：增加几何体尺寸标注中的标注端点数量。

③ 退出（X）：退出该选项。

12. 圆心标记

圆心标记是指在圆或圆弧的中心点处产生一个中心标记或中心线。

激活命令的方法如下。

（1）菜单栏：执行"标注"→"圆心标记"命令。

（2）工具栏：单击"标注工具栏"中的 ⊙ 图标。

（3）命令行：输入"DIMCENTER"命令后按 Enter 键。

激活命令后，命令行提示：

命令：_dimcenter
选择圆弧或圆：选择欲加标记的圆或圆弧

13. 标注间距

标注间距是指可以自动调整图形中现有的平行线性标注和角度标注，以使其间距相等或在尺寸线处相互对齐。该命令可以选择连续设置多个标注线之间的间距，其效果示例如图5-42所示。

激活命令的方法如下。

（1）菜单栏：执行"标注"→"标注间距"命令。

（2）工具栏：单击"标注"工具栏中的 逗 图标。

（3）命令行：输入："DIMSPACE"命令后按 Enter 键。

激活命令后，命令行提示：

命令：_dimspace
选择基准标注：
选择要产生间距的标注：　找到 X 个
选择要产生间距的标注：✓
输入值或 [自动(A)] <自动>：

各选项功能如下。

（1）选择基准标注：选择作为调整间距的基准尺寸。

（2）选择要产生间距的标注：选择要修改间距的尺寸，可以多个应用交叉窗口同时选择。

（3）输入值：输入间距值。

（4）自动(A)：使用自动间距值，一般是文字高度的两倍。

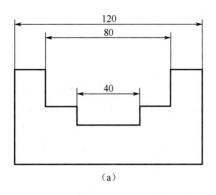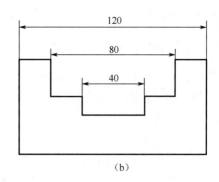

图 5-42　"标注间距"效果示例

14．折断标注

折断标注可以在尺寸线（或尺寸界线）与几何对象（或其他标注）相交的位置将其折断，其效果示例如图 5-43 所示。

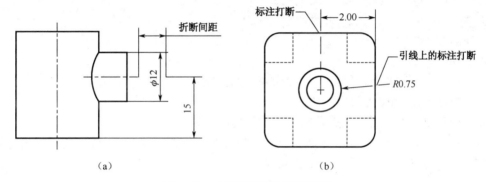

图 5-43　"折断标注"效果示例

激活命令的方法如下。

（1）菜单栏：执行"标注"→"折断标注"命令。

（2）工具栏：单击"标注"工具栏中的 ⊣⊢ 图标。

（3）命令行：输入"DIMBREAK"命令后按 Enter 键。

激活命令后，命令行提示：

```
命令：_dimbreak
选择要添加/删除折断的标注或 [多个(M)]：m↙
选择标注：找到 X 个
选择标注：↙
选择要折断标注的对象或 [自动(A)/手动(M)/删除(R)] <自动>：
```

各选项功能如下。

（1）选择要添加/删除折断的标注：选择需要修改的标注。

（2）多个(M)：如果同时更改多个，则输入 M，随后的提示中没有手动选项。

（3）选择要折断标注的对象：选择和尺寸相交的并且需要断开的对象。

（4）自动(A)：自动放置折断标注。

（5）删除(R)：删除选中的折断标注。

（6）手动(M)：手工设置折断位置。

15. 折弯线性

折弯线性可以向线性标注添加折弯线，以表示实际测量值与尺寸界线之间的长度不同。如果显示的标注对象小于被标注对象的实际长度，则通常使用折弯尺寸线表示。

激活命令的方法如下。

（1）菜单栏：执行"标注(N)"→"折弯线性(J)"命令。

（2）工具栏：单击"标注"工具栏中的"折弯标注"图标 ⩗ 。

（3）命令行：输入"DIMJOGLINE"命令后按 Enter 键。

激活命令后，命令行提示：

```
命令：_dimjogline
选择要添加折弯的标注或 [删除(R)]： R↙
选择要删除的折弯：
选择要添加折弯的标注或 [删除(R)]：
指定折弯位置 (或按"Enter"键)：
标注已解除关联
```

各选项功能如下。

（1）选择要添加折弯的标注：选择需要添加折弯的线性或对齐标注。

（2）删除(R)：删除折弯标注。

（3）选择要删除的折弯：选择需要删除折弯的标注。

（4）指定折弯位置（或按"Enter"键）：定义折弯位置，按 Enter 键则使用默认位置。

"折弯线性标注"效果示例如图 5-44 所示。

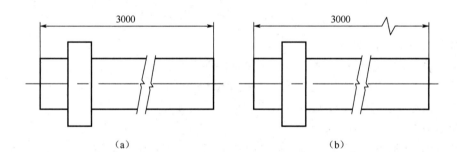

（a）　　　　　　　　　　　　　　　（b）

图 5-44　"折弯线性标注"效果示例

16. 坐标标注

坐标标注是从一个公共基点出发，标注指定点相对于基点的偏移量的标注方法。坐标标注不带尺寸线，有一条延伸线和文字引线，其效果示例如图 5-45 所示。

进行坐标标注时其基点即当前 UCS 的坐标原点，所以在进行坐标标注之前，应该设定基点为坐标原点。

激活命令的方法如下。

（1）菜单栏：执行"标注"→"坐标"命令。

（2）工具栏：单击"标注"工具栏中的 ⤒ 图标。

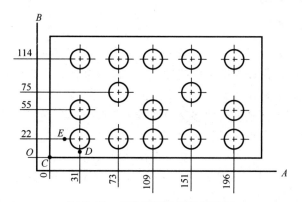

图 5-45　"坐标标注"效果示例

（3）命令行：输入"DIMORDINATE"或"DOR"命令后按 Enter 键。

激活命令后，命令行提示：

> 命令：_dimordinate
> 指定点坐标：
> 指定引线端点或 [X 基准(X)/Y 基准(Y)/多行文字(M)/文字(T)/角度(A)]：
> 标注文字=XX

各选项功能如下。

（1）指定点坐标：指定需要标注坐标的点。

（2）指定引线端点：指定坐标标注中引线的端点。

（3）X 基准(X)：强制标注 X 坐标。

（4）Y 基准(Y)：强制标注 Y 坐标。

（5）多行文字(M)：通过多行文字编辑器输入文字。

（6）文字(T)：输入单行文字。

（7）角度(A)：指定文字旋转角度。

四、多重引线

多重引线标注通常用于图形标注倒角、零件编号、形位公差等，可以使用多重引线标注命令（MLRADER）创建引线标注。

多重引线标注由带箭头（或不带箭头）的直线（或曲线，又称引线）、一条短水平线（又称基线），以及处于引线末端的文字或图块组成，如图 5-46 所示。

"多重引线标注"效果示例如图 5-47 所示。

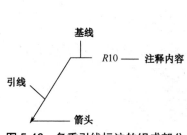

图 5-46　多重引线标注的组成部分

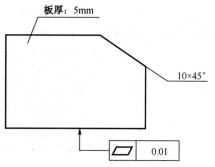

图 5-47　"多重引线标注"效果示例

1. 创建多重引线

多重引线可以创建箭头优先、引线基线优先或内容优先三种方式。当需要以某一多重引线样式进行标注时，应首先设置多重引线样式，并将该样式置为当前样式。

激活命令的方法如下。

（1）菜单栏：执行"格式"→"多重引线样式"命令。

（2）工具栏：单击"多重引线"→"多重引线样式"图标 。

（3）命令行：输入"MLEADERSTYLE"命令后按 Enter 键。

激活命令后，弹出如图 5-48 所示的"多重引线样式管理器"对话框。

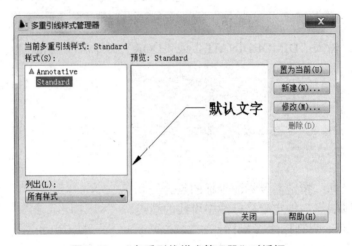

图 5-48 "多重引线样式管理器"对话框

该对话框中包括样式、预览、置为当前、新建、修改、删除等内容。

（1）当前多重引线样式：显示应用于所创建的多重引线的多重引线样式的名称。

（2）"样式"列表：显示多重引线样式。高亮显示当前样式。

（3）"列出"列表框：过滤"样式"列表的内容。若选择"所有样式"选项，则显示图形中可用的所有多重引线样式。若选择"正在使用的样式"选项，仅显示当前图形中正在使用的多重引线样式。

（4）"预览"窗口显示"样式"列表中选定样式的预览图像。

（5）"置为当前"按钮：将"样式"列表中选定的多重引线样式设置为当前样式。随后的新的多重引线都将使用此多重引线样式进行创建。

（6）"新建"按钮：弹出如图 5-49 所示的"创建新多重引线样式"对话框，可以定义新多重引线样式。单击"继续"按钮，则弹出"修改多重引线样式"对话框，如图 5-50 所示。该对话框包括了引线格式、引线结构和内容 3 个选项卡。

图 5-49 "创建新多重引线样式"对话框

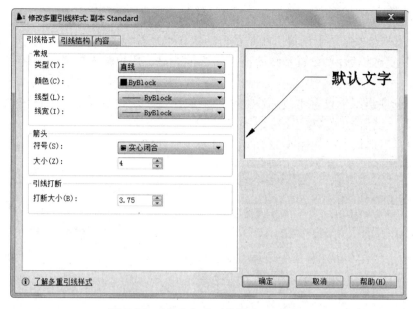

图 5-50 "修改多重引线样式"对话框

① "引线格式"选项卡：如图 5-50 所示，在引线格式中，可设置引线的类型（直线、样条曲线、无）、引线的颜色、引线的线型、引线的线宽等属性。还可以设置箭头的符号、大小，以及控制将折断标注添加到多重引线时使用的大小设置。

② "引线结构"选项卡：控制多重引线的约束，包括最大引线点数、第一段角度、第二段角度，以及自动包含基线、设置基线距离，并通过比例控制多重引线的缩放，如图 5-51 所示。

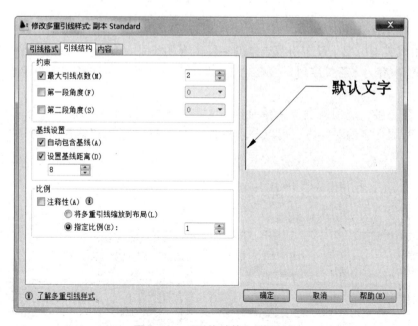

图 5-51 "引线结构"选项卡

最大引线点数决定了引线的段数，系统默认的"最大引线点数"最小为 2，仅绘制一段引线；"第一段角度"和"第二段角度"分别控制第一段与第二段引线的角度。

"基线设置"选项组用于设置引线是否自动包含水平基线及水平基线的长度。当选中"自动包含基线"复选框后，"设置基线距离"复选框亮显，用户输入数值以确定引线包含水平基线的长度。

"比例"选项组用于设置引线标注对象的缩放比例。一般情况下，用户在"指定比例"文本框内输入比例值控制多重引线标注的大小。

③　"内容"选项卡：如图 5-52 所示设置多重引线的内容。

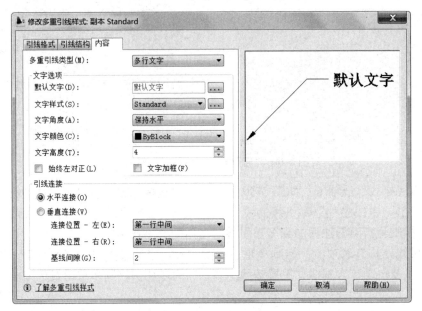

图 5-52　"内容"选项卡

"多重引线类型"用于设置引线末端的注释内容的类型，有"多行文字""块"和"无"3 种。当注释内容为多行文字时，应在"文字选项"选项组设置注释文字的样式、角度、颜色、高度。

在"引线连接"选项组确定注释内容的文字对齐方式、注释内容与水平基线的距离。附着在引线两侧文字的对齐方式可以分别设置，图 5-53 所示为"连接位置－左"设置的 9 种情况。

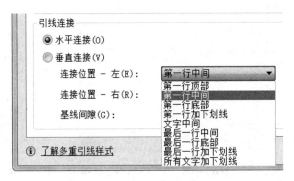

图 5-53　"连接位置-左"下拉列表框

"多重引线与多行文字"的连接方式效果示例如图 5-54 所示，将"多重引线类型"设置为"块"后的界面如图 5-55 所示。

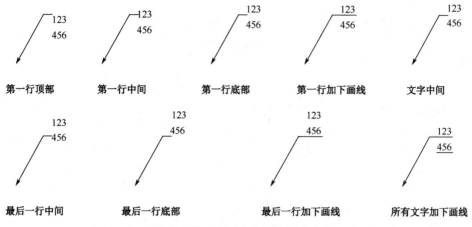

图 5-54 "多重引线与多行文字"的连接方式效果示例

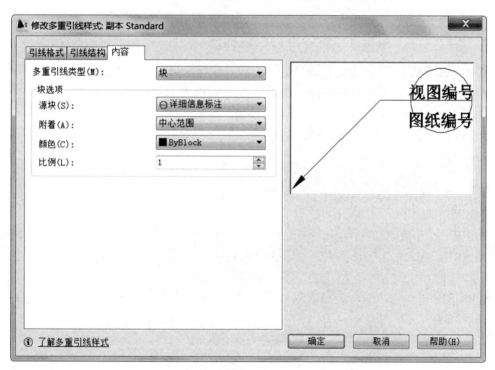

图 5-55 将"多重引线类型"设置为"块"后的界面

（7）"修改"按钮：单击该按钮，弹出如图 5-50 所示的"修改多重引线样式"对话框，供修改多重引线样式。

（8）"删除"按钮：删除"样式"列表中选定的多重引线样式，不能删除图形中正在使用的多重引线样式。

2. 多重引线标注

利用"多重引线"命令可以按当前多重引线样式创建引线标注对象；还可以重新指定引

线样式的某些特性。

激活命令的方法如下。

（1）菜单栏：执行"标注"→"多重引线"命令。

（2）工具栏：单击"多重引线"→"多重引线"图标 🔎。

（3）命令行：输入"MLEADER"命令后按 Enter 键。

激活命令后，命令行提示：

```
命令：_mleader
指定引线箭头的位置或 [引线基线优先(L)/内容优先(C)/选项(O)] <选项>:
指定引线基线的位置：(鼠标单击第二点)
```

然后，AutoCAD 弹出多行文字编辑器，从中输入对应的文字，输入完成后单击工具栏中的"确定"按钮即可。

各选项功能如下。

（1）指定引线箭头的位置：指定多重引线对象箭头的位置。

（2）引线基线优先(L)：指定多重引线对象的基线的位置。

（3）内容优先(C)：指定与多重引线对象相关联的文字或块的位置。

3．利用"QLEADER"命令进行引线标注

利用"QLEADER"命令可快速生成指引线及注释，可以通过命令行优化对话框进行用户自定义，由此可以消除不必要的命令提示，取得较高的工作效率。

激活命令的方法如下。

命令行：输入"QLEADER"或"LE"命令后按 Enter 键。

激活命令后，命令行提示：

```
命令：_qleader✓
指定第一个引线点或[设置(S)] <设置>:
```

各选项功能如下。

指定第一个引线点：在上面的提示下确定一点作为指引线的第一点，AutoCAD 提示：

```
指定下一点：              //输入指引线的第二点
指定下一点：              //输入指引线的第三点
```

AutoCAD 提示用户输入的点的数目由"引线设置"对话框确定。输入指引线的点后，AutoCAD 提示：

```
指定文字宽度<0．0000>：    //输入多行文本的宽度
输入注释文字的第一行<多行文字(M)>:
```

此时，有两种命令输入选择，含义如下。

（1）输入注释文字的第一行：在命令行输入第一行文本。系统继续提示：

```
输入注释文字的下一行：      //输入另一行文本
输入注释文字的下一行：      //输入另一行文本或按 Enter 键
```

（2）多行文字(M)：打开多行文字编辑器，输入编辑多行文字。

按 Enter 键，结束 QLEADER 命令并把多行文本标注在指引线的末端附近。

<设置>：按 Enter 键或输入 S，打开如图 5-56 所示的"引线设置"对话框，允许对引线标注进行设置。该对话框包含"注释""引线和箭头""附着"3 个选项卡，下面分别进行介绍。

图 5-56   "引线设置"对话框

①   "注释"选项卡：如图 5-56 所示，用于设置引线标注中注释文本的类型、多行文本的格式并确定注释文本是否多次使用。

②   "引线和箭头"选项卡：如图 5-57 所示，用来设置引线标注中引线和箭头的形式。可选箭头形式如图 5-58 所示。其中"点数"选项组设置执行"QLEADER"命令时，AutoCAD 提示用户输入的点的数目。例如，设置点数为 3，执行"QLEADER"命令时，当用户在提示下指定 3 个点后，AutoCAD 自动提示用户输入注释文本。注意设置的点数要比用户希望的指引线的段数多 1。可利用微调框进行设置，如果选中"无限制"复选框，AutoCAD 会一直提示用户输入点直到连续按 Enter 键两次为止。"角度约束"选项组设置第一段和第二段指引线的角度约束。

图 5-57   "引线和箭头"选项卡

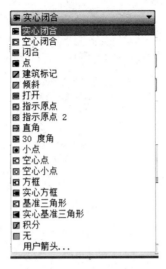

图 5-58 箭头形式

③ "附着"选项卡：如图 5-59 所示，设置注释文本和指引线的相对位置。如果最后一段指引线指向右边，系统自动把注释文本放在右侧，反之放在左侧。利用本选项卡左侧和右侧的单选按钮分别设置位于左侧和右侧的注释文本与最后一段指引线的相对位置，二者可以相同，也可以不相同。只有在"注释"选项卡中选定"多行文字"单选按钮时，"附着"选项卡才为可用状态。

第一行顶部：将引线附着到多行文字的第一行顶部。

第一行中间：将引线附着到多行文字的第一行中间。

多行文字中间：将引线附着到多行文字的中间。

最后一行中间：将引线附着到多行文字的最后一行中间。

最后一行底部：将引线附着到多行文字的最后一行底部。

最后一行加下画线：用于给多行文字的最后一行加下画线。

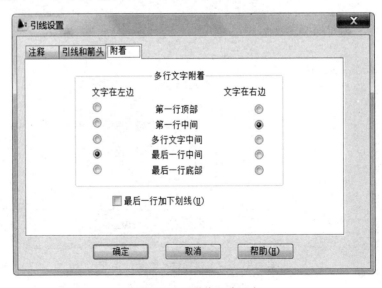

图 5-59 "附着"选项卡

五、形位公差标注

形位公差包括形状公差和位置公差，用来定义图形中形状和轮廓定向、定位的最大允许误差，以及几何图形的跳动允差。

形位公差标注可以通过公差命令来进行，也可以通过引线标注中的公差参数来进行。

1．使用公差命令标注

激活命令的方法如下。

（1）菜单栏：执行"标注"→"公差"命令。

（2）工具栏：单击"标注"工具栏中的 ⊕1 图标。

（3）命令行：输入"TOLERANCE"或"TOL"命令后，按 Enter 键。

激活命令后，弹出如图 5-60 所示的"形位公差"对话框。

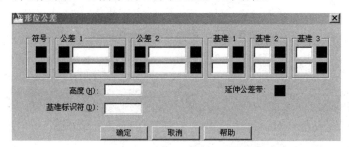

图 5-60　"形位公差"对话框

① 符号：单击符号下的黑色方框，弹出"特征符号"对话框，如图 5-61 所示。

② 公差。

公差 1：用于创建公差框中的第一个公差值。该选项中的前一个黑色方框设置是否添加直径修饰符号。中间是文本框，可以直接输入形位公差值。右侧的黑色方框设置是否添加包容条件，单击右侧的黑色方框，弹出"附加符号"对话框，如图 5-62 所示，用于设置被测要素的包容条件。

公差 2：用于创建公差框中的第二个公差值。详解同公差 1。

图 5-61　"特征符号"对话框

图 5-62　"附加符号"对话框

③ 基准。

基准 1：用于创建公差的主要基准。基准参照是由值和修饰符号组成的。单击后面的黑色方框，弹出如图 5-62 所示的"附加符号"对话框，用于设置基准要素的包容条件。

基准 2 和基准 3 与基准 1 类似。

④ 高度：用于设置最小的投影公差带。

⑤ 延伸公差带：单击其后的黑色方框，除指定位置公差外，还可以设定延伸公差。

⑥ 基准标识符：设置该公差的基准符号。

2. 使用引线标注

使用引线标注可以一次性标注出形位公差，而且不用再画引线，应用过程中比较方便。下面以标注图 5-63 中的形位公差为例来说明。

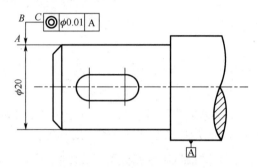

图 5-63 "形位公差"标注示例

操作步骤：

命令：_qleader✓
指定第一个引线点或[设置(S)] <设置>： 输入 S 或按 Enter 键

在弹出的"引线设置"对话框中选中"公差"单选按钮，如图 5-64 所示。

图 5-64 "引线设置"对话框

在"引线设置"对话框的"注释"选项卡的"注释类型"选项组中选中"公差"单选按钮。在"引线和箭头"选项卡"点数"选项组中设置"点数"为 3，单击"确定"按钮。返回到绘图区域，鼠标指针变为十字形状。

此时，系统弹出如图 5-60 所示的"形位公差"对话框。单击"形位公差"对话框中"符号"下方的黑色方框，在弹出的"特征符号"对话框中选择"同轴度"符号，按 Enter 键。单击"公差 1"下方的黑色方框，自动弹出"直径"符号，在其后面的文本框中输入数值"0.01"。在"基准 1"下方文本框中单击并输入"A"，单击"确定"按钮，完成标注设置。

其效果示例如图 5-63 所示。

六、尺寸标注编辑

AutoCAD 中提供了以下几种用于编辑标注的命令。

1. 编辑标注（DIMEDIT 命令）

编辑标注用于调整标注文字的位置、修改标注文字的内容、旋转文字及倾斜尺寸界线等，主要用于将尺寸界线倾斜，如图 5-65 所示。

激活命令的方法如下。

（1）菜单栏：执行"标注"→"倾斜"命令。

（2）"标注"工具栏：单击"编辑标注"图标 。

（3）命令行：输入"DIMEDIT"或"DED"命令后按 Enter 键。

激活命令后，命令行提示：

```
命令：_dimedit
输入标注编辑类型 [默认(H)/新建(N)/旋转(R)/倾斜(O)] <默认>：
```

各选项功能如下。

（1）默认(H)：修改指定的尺寸文字到默认位置，即回到原始点。

（2）新建(N)：通过在位文字编辑器输入新的文本。

（3）旋转(R)：按指定的角度旋转文字，如图 5-66 所示。

（4）倾斜(O)：将延伸线倾斜指定的角度。

（5）选择对象：选择欲修改的尺寸对象。

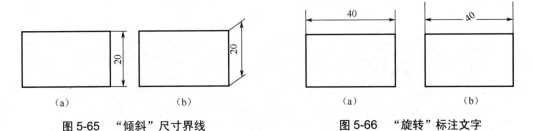

| （a） | （b） | | （a） | （b） |

图 5-65 "倾斜"尺寸界线　　　　　　图 5-66 "旋转"标注文字

2. 标注文字的编辑（DIMTEDIT 命令）

标注文字的编辑用于对尺寸文本位置的修改，如图 5-67 所示，不仅可以通过夹点进行直观修改，而且可以使用"DIMTEDIT"命令进行精确修改。

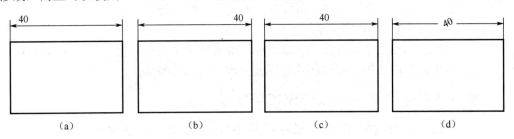

（a）　　　　　（b）　　　　　（c）　　　　　（d）

图 5-67 标注文字的编辑

激活命令的方法如下。

（1）菜单栏：执行"标注"→"对齐文字"命令。

（2）"标注"工具栏：单击"编辑标注文字"图标![图标]。

（3）命令行：输入"DIMTEDIT"命令后，按 Enter 键。

激活命令后，命令行提示：

> 命令：_dimtedit
>
> 选择标注：
>
> 为标注文字指定新位置或 [左对齐(L)/右对齐(R)/居中(C)/默认(H)/角度(A)]：

各选项功能如下。

（1）选择标注：选择标注的尺寸进行修改。

（2）为标注文字指定新位置：在屏幕上指定文字的新位置。

（3）左对齐(L)：沿尺寸线左对齐文本（对线性尺寸、半径、直径尺寸适用）。

（4）右对齐(R)：沿尺寸线右对齐文本（对线性尺寸、半径、直径尺寸适用）。

（5）居中(C)：将尺寸文本放置在尺寸线的中间。

（6）默认(H)：将尺寸文本放置在默认位置。

（7）角度(A)：将尺寸文本旋转指定的角度。

3．标注更新

标注更新可以将图形中已标注的尺寸标注样式更新为当前尺寸标注样式。

激活命令的方法如下。

（1）菜单栏：执行"标注"→"更新"命令。

（2）"标注"工具栏：单击"标注更新"图标![图标]。

（3）命令行：输入"DIMSTYLE"命令后按 Enter 键。

激活命令后，命令行提示：

> 命令：_dimstyle
>
> 当前标注样式：XXXXXX
>
> 输入标注样式选项
>
> [注释性(AN)/保存(S)/恢复(R)/状态(ST)/变量(V)/应用(A)/?] <恢复>：s↙
>
> 输入新标注样式名或 [?]：

各选项功能如下。

（1）当前标注样式：提示当前的标注样式，该样式将可取代随后选择的标注尺寸样式。

（2）注释性(AN)：设置注释性特性。

（3）保存(S)：将标注系统变量的当前设置保存到标注样式。

（4）恢复(R)：将标注系统变量设置恢复为选定标注样式的设置。

（5）状态(ST)：显示所有标注系统变量的当前值。

（6）变量(V)：列出某个标注样式或选定标注的系统变量设置，但不改变当前设置。

（7）应用(A)：自动使用当前的样式取代随后选择的尺寸样式。

4．重新关联标注（DIMREASSOCIATE 命令）

重新关联标注用于将非关联性标注转换为关联标注，或者改变关联标注的定义点。

激活命令的方法如下。

（1）菜单栏：执行"标注"→"重新关联标注"命令。

（2）菜单浏览器：单击"注释"功能区"标注"面板中的"重新关联"图标。

（3）命令行：输入"DIMREASSOCIATE"命令后按 Enter 键。

激活命令后，命令行提示：

> 选择要重新关联的标注...
>
> 选择对象：找到 1 个
>
> 选择对象：
>
> 指定第一个尺寸界线原点或[选择对象(S)]<下一个>:

5. 尺寸变量替代

尺寸变量替代可以在不影响当前尺寸类型的前提下，覆盖某一尺寸变量。要正确使用尺寸变量替代，应知道要修改的尺寸变量名。

激活命令的方法如下。

（1）菜单栏：执行"标注"→"替代"命令。

（2）菜单浏览器：单击"注释"功能区"标注"面板中的"替代"图标。

（3）命令行：输入"DIMOVERRIDE"命令后按 Enter 键。

激活命令后，命令行提示：

> 命令：_dimoverride
>
> 输入要替代的标注变量名或 [清除替代(C)]:
>
> 输入标注变量的新值 <XX1>: XX2
>
> 输入要替代的标注变量名或 [清除替代(C)]: c
>
> 选择对象：

各选项功能如下。

（1）输入要替代的标注变量名：输入欲替代的尺寸变量名。

（2）清除替代(C)：清除尺寸变量替代，恢复原来的变量值。

（3）选择对象：选择修改的尺寸对象。

例：修改图 5-68（a）中的尺寸"40"的字高（将字高由 2.5 更改为 5）。

菜单栏：执行"标注"→"替代"命令，命令行提示：

> 命令：_dimoverrid（启动"替代"命令）
>
> 输入要替代的标注变量名或 [清除替代(C)]: dimtxt↙
>
> 　　　　　　　　　　　　　　　　//输入指定标注文字高度的变量名 DIMTXT
>
> 输入标注变量的新值 <10.0000>: 5↙　　//输入 5 替代 2.5
>
> 输入要替代的标注变量名：↙　　//结束，不修改其他变量
>
> 选择对象：点取尺寸 40

"尺寸变量替代"效果示例如图 5-68（b）所示。

6. 利用对象"特性"选项板编辑尺寸标注

利用对象"特性"选项板编辑尺寸标注不仅能修改所选尺寸标注的颜色、图层、线型，还能修改尺寸数字的内容，并能重新编辑尺寸数字、重新选择标注样式、修改标注样式内容，打开"特性"窗口，单击需要修改标注样式的标注对象，在特性窗口中对相应变量进行修改。修改完成后，按 Esc 键退出操作。

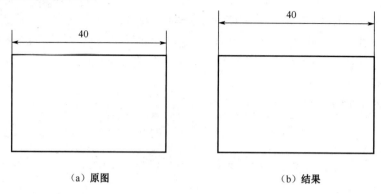

（a）原图　　　　　　　　　　（b）结果

图 5-68　"尺寸变量替代"效果示例

7. 编辑修改尺寸快捷菜单

选择一个尺寸标注后并右击，弹出一个"尺寸编辑修改"快捷菜单，如图 5-69 所示。

图 5-69　"尺寸编辑修改"快捷菜单

通过尺寸编辑修改快捷菜单，完成尺寸的标注文字位置、精度、标注样式及翻转箭头等的编辑修改，"翻转箭头"效果示例如图 5-70 所示。

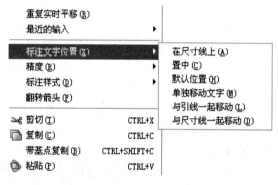

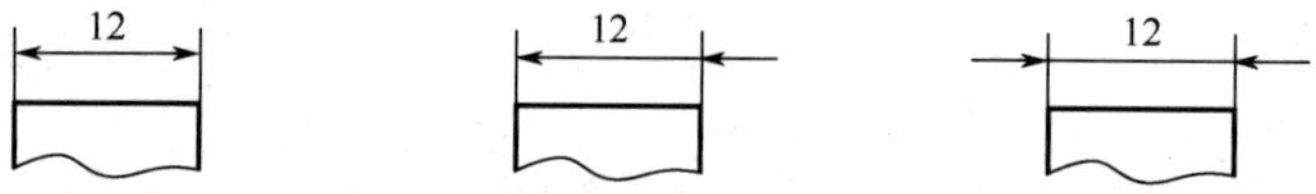

（a）翻转前　　　　　（b）翻转一侧箭头　　　　（c）翻转另一侧箭头

图 5-70　"翻转箭头"效果示例

8. 其他编辑标注的方法

可以使用 AutoCAD 的编辑命令或夹点来编辑标注的位置。不仅可以使用夹点或 stretch 命令拉伸标注，而且可以使用 trim 和 extend 命令来修剪和延伸标注。

可以使用"修改"→"对象"→"文字"→"编辑"命令来改变标注的文字内容。

七、任务实施

尺寸标注前，必须先设置好符合我国制图国家标准要求的尺寸标注样式，如"机械"样式及其子样式，并将其置为当前标注样式，再选用"尺寸线"图层进行尺寸标注。

1．设置绘图环境

设置绘图环境前面已经介绍，这里不再赘述。

2．创建文件样式

一般创建两个文字样式，一个样式名为"汉字"，设置字体为"仿宋-GB2312"；另一个样式名为"西文"，设置字体为"txt.shx"。

3．创建标注样式

基于 ISO 样式创建 3 个尺寸标注样式："直线尺寸"标注样式、"半径尺寸"标注样式、"直径尺寸"标注样式。将"尺寸线"图层置为当前。

（1）创建"直线尺寸"标注样式。

执行"格式"→"标注样式"命令，弹出"标注样式管理器"对话框；在"标注样式管理器"对话框中单击"新建"按钮，弹出"创建新标注样式"对话框；在"新样式名"文本框中输入"直线尺寸"，单击"继续"按钮，打开"新建标注样式：直线样式"对话框。

（2）设置参数如下。

① "线"选项区域。

"尺寸线"：设置"基线间距"为"7"。

"延伸线"：设置"超出尺寸线"为"2"，"起点偏移量"为"0"，其余设置为默认选项。

② "符号和箭头"：设置"第一个"和"第二个"为实心闭合，箭头大小为"3"，其余设置为默认选项。

③ "文字"选项区域。

"文字外观"：设置文字样式为"Standard"，"文字高度"为"3.5"。

"文字位置"：设置"从尺寸线偏移"为"2"。

④ "主单位"选项区域。

"线性标注"：设置"单位格式"为小数，"精度"为"0"，"小数分隔符"为句点。

其余选项保持默认设置，单击"确定"按钮，返回"标注样式管理器"对话框，单击"关闭"按钮。

（3）创建"直径尺寸"标注样式。

执行"格式"→"标注样式"命令，弹出"标注样式管理器"对话框；在"标注样式管理器"对话框中单击"新建"按钮，弹出"创建新标注样式"对话框；在"新样式名"文本框中输入"半径样式"，单击"继续"按钮，打开"新建标注样式：半径样式"对话框，设置参数与"直线样式"相同。

选择"文字"选项卡，"文字对齐"选中"ISO 标准"单选按钮。

选择"调整"选项卡，在"调整选项"中选中"文字"单选按钮。

单击"确定"按钮，返回到主对话框　"直径"样式的创建完成。（"半径"设置与"直径"设置相同）

（4）创建"角度"尺寸标注样式。

执行"格式"→"标注样式"命令，弹出"标注样式管理器"对话框；在"标注样式管理器"对话框中单击"新建"按钮，弹出"创建新标注样式"对话框；在"新样式名"文本框中输入"角度样式"。

选择"文字"选项卡,"文字位置"组设置"垂直"→"上","水平"→"居中";"文字对齐"组选中"水平"单选按钮。

单击"确定"按钮,返回到主对话框,"角度"样式的创建完成。

4. 标注

(1) 标注线性尺寸。

单击"标注"→"线性"图标⊟(此命令只能标注水平和竖直方向的尺寸)。命令行提示:

```
命令: _dimlinear
指定第一条延伸线原点或<选择对象>:        //单击水平方向孔的圆心
指定第二条延伸线原点:                    //单击水平方向另一孔的圆心
指定尺寸线位置或［多行文字(M)/文字(T)/角度(A)/水平(H)/垂直(V)/旋转(R)］:
                                         //选取合适位置单击
标注文字 = 46                            //系统自动提示所标注直线段的长度
```

按照同样的方法标注其他线性尺寸,如图 5-71 所示。

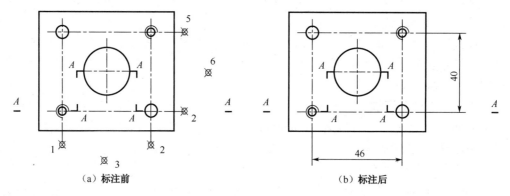

(a) 标注前   (b) 标注后

图 5-71   "线性标注"效果示例

(2) 标注直径尺寸。

单击"标注"→"直径"图标⊘,命令行提示:

```
命令: _dimdiameter
选择圆弧或圆:
标注文字=XX
指定尺寸线位置或 ［多行文字(M)/文字(T)/角度(A)］:m↙
                //打开多行文字"在位编辑器",在自动标注数字前输入"2×"
```

按照同样方法标注其他直径尺寸,如图 5-72 所示。

(3) 标注角度尺寸。

"角度标注"效果示例如图 5-73 所示。

单击"标注"→"角度"图标△,命令行提示:

```
命令: _dimangular
选择圆弧、圆、直线或 <指定顶点>:          //选择图 5-73 处的水平线
选择第二条直线:                          //选择图 5-73 处的斜线
```

指定标注弧线位置或 [多行文字(M)/文字(T)/角度(A)/象限点(Q)]:

　　　　　　　　　//移动鼠标指针,在适当位置处单击放置尺寸

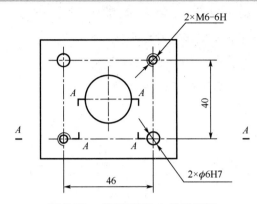

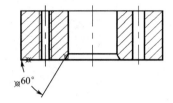

图 5-72 　"直径标注"效果示例　　　　　图 5-73 　"角度标注"效果示例

(4)标注俯视图中的尺寸。

俯视图中"尺寸标注"效果示例如图 5-74 所示。

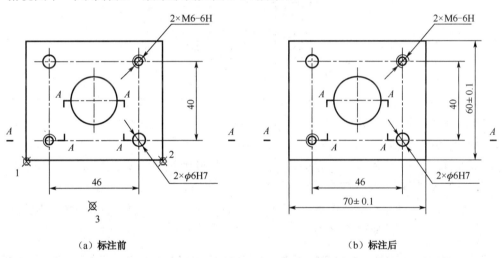

　　(a)标注前　　　　　　　　　　　　(b)标注后

图 5-74 　俯视图中"尺寸标注"效果示例

```
命令: _dimlinear
指定第一条延伸线原点或 <选择对象>:      //在图 5-74 的点 1 处单击
指定第二条延伸线原点:                  //在图 5-74 的点 2 处单击
指定尺寸线位置或[多行文字(M)/文字(T)/角度(A)/水平(H)/垂直(V)/旋转(R)]: m✓
```

在多行"文字编辑器"中,将鼠标指标移至数字 70 之后,单击多行文字编辑器中"@"下拉按钮,在@下拉列表框中选择"正/负"选项,再输入"0.1",单击"确定"按钮,如图 5-75 所示。

(5)标注主视图中的尺寸 ϕ24。

① 在尺寸数字 24 前添加直径符号 ϕ。

单击"标注→线性"图标，命令行提示:

```
命令: _dimlinear
```

指定第一条延伸线原点或 <选择对象>:	//在图 5-76 的点 1 处单击
指定第二条延伸线原点:	//在图 5-76 的点 2 处单击
指定尺寸线位置或[多行文字(M)/文字(T)/角度(A)/水平(H)/垂直(V)/旋转(R)]: m↙	

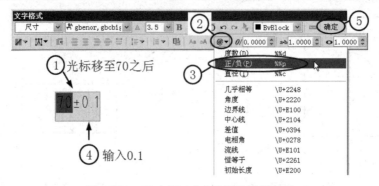

图 5-75 尺寸 70±0.1 的标注效果示例

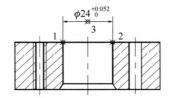

图 5-76 "尺寸公差标注"效果示例

弹出多行文字编辑器,将鼠标指针移至尺寸数字 24 之前,单击多行文字编辑器中的"符号"按钮,在"符号"下拉列表框中选择添加直径符号"ϕ",如图 5-76 所示。

② 使用堆叠功能标注尺寸公差。

a. 在多行文字编辑器中,在数字 24 之后输入"+0.052^ 0"(注:"Shift+6"组合键注写堆叠符号"^")。注意下偏差数值 0 之前应输入一个空格。

b. 选中要堆叠的字符"+0.052^ 0"(图 5-77),再单击"堆叠"按钮 ，则选中的字符堆叠成 $^{+0.052}_{0}$ 。其效果如图 5-76 所示。

图 5-77 选择要堆叠的字符

(6)设置多重引线样式。

执行"格式→多重引线样式"命令,弹出"多重引线样式管理器"对话框,如图 5-78 所示。单击"新建"按钮,弹出"创建新多重引线样式"对话框,单击"继续"按钮,弹出"修改多重引线样式"对话框,如图 5-79 所示,按图 5-79～图 5-82 所示设置各参数,单击"关闭"按钮返回主对话框,新的"多重引线样式"出现,在"样式"列表中,完成"多重引线样式"的设置,并可在"预览"窗口显示。

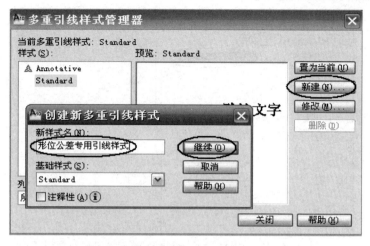

图 5-78 "多重引线样式管理器"对话框

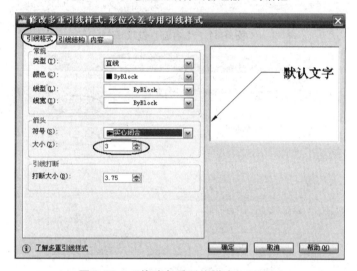

图 5-79 "修改多重引线样式"对话框

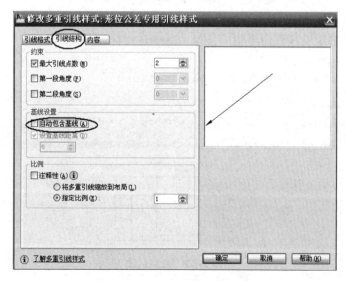

图 5-80 "引线结构"选项卡

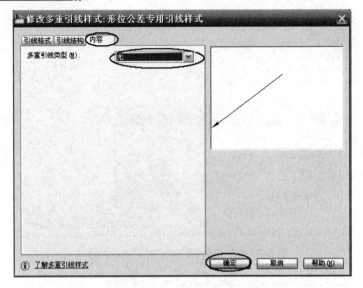

图 5-81 "内容"选项卡

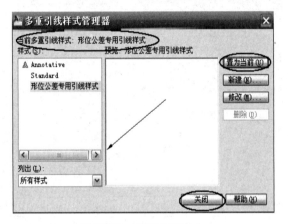

图 5-82 最终引线样式

（7）标注几何公差的方法。

方法 1：用"多重引线"命令和"公差"命令进行标注。

① 标注带箭头的引线。

单击"标注→多重引线"图标 ，命令行提示：

```
命令：_mleader
指定引线箭头的位置或 [引线基线优先(L)/内容优先(C)/选项(O)] <选项>：
指定引线基线的位置：用鼠标在图 5-83 所示的 A、B 点处单击，从而绘制出一条水平引线
```

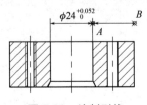

图 5-83 绘制引线

② 标注公差框格

单击"标注→公差"按钮，弹出如图 5-84 所示的"形位公差"及"特征符号"对话框，按图示选择设置。其效果如图 5-85 所示。

（a）

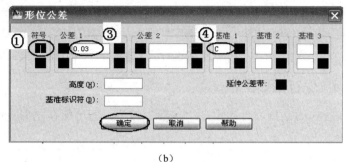

（b）

图 5-84 "形位公差"及"特征符号"对话框

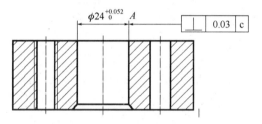

图 5-85 "几何公差的标注"效果示例

方法 2：用 LEADER 命令直接标注，无须先建立引线。

在命令行中输入"LEADER"命令后按 Enter 键。

```
命令：-leader
指定引线起点：单击 A 点              //指定引线箭头放置点
指定下一点：  在合适位置单击          //指定引线远离箭头的端点
指定下一点或 [注释(A)/格式(F)/放弃(U)] <注释>：↙ //按 Enter 键，默认<注释>
输入注释文字的第一行或 <选项>：↙                //按 Enter 键，默认<选项>
输入注释选项 [公差(T)/副本(C)/块(B)/无(N)/多行文字(M)] <多行文字>：t↙
                                    //按要求选择公差项目和大小
```

其效果如图 5-85 所示。

（8）基准符号的绘制。

基准符号由基准方格（边长为 2h＝7mm 的细实线正方形）和基准三角形（三角形边长为 3mm 左右，内部涂黑或空白均可）组成，两者用细实线相连，连线的长度可自行确定，基准方格内大写字母的字高 h＝3.5mm。

基准符号及"基准符号"的绘制效果示例如图 5-86 和图 5-87 所示。

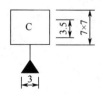

图 5-86 基准符号

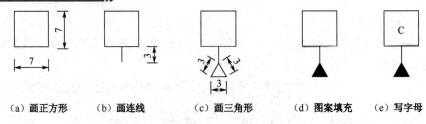

（a）画正方形　　　（b）画连线　　　（c）画三角形　　　（d）图案填充　　　（e）写字母

图 5-87　"基准符号"的绘制效果示例

5．保存图形文件

在 AutoCAD 文件中单击"保存"按钮，即可保存图形文件。

项目六
零件图与装配图的绘制

 知识目标

1. 了解样板图的概念和作用。
2. 了解创建样板图的准则。
3. 掌握创建机械样板图的方法和步骤。
4. 掌握样板文件的调用方法。
5. 了解 AutoCAD 2010 设计中心。
6. 掌握绘制标准零件图的基本步骤及技巧。
7. 掌握由零件图拼画装配图的方法。

技能目标

1. 能建立符合机械制图国家标准的机械样板文件。
2. 能绘制零件图。
3. 能根据已有的零件图拼画装配图。

任务一 绘制联轴器零件图

要求绘制的联轴器零件图如图 6-1 所示。
要求如下：
（1）创建包括标题栏、粗糙度等常见要素的样板图。
（2）绘制齿轮轴并标注尺寸。

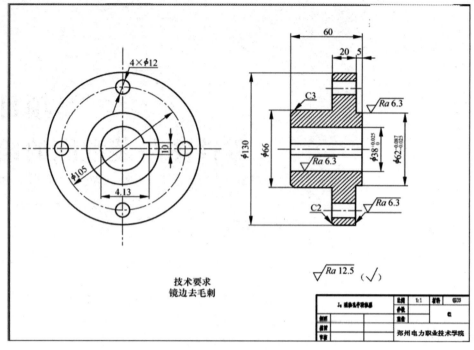

图 6-1 联轴器零件图

通过本例学习"样板图"的创建。

一、样板图的应用

1．样板图的概念

样板图作为一张标准图纸，除了需要绘制图形外，还要求设置图纸大小、绘制图框线和标题栏；而对于图形本身，需要设置图层以绘制图形的不同部分，设置不同的线型和线宽表达不同的含义，设置不同的图线颜色以区分图形的不同部分等。所有这些都是绘制一幅完整图形不可或缺的工作。为方便绘图，提高绘图效率，往往将这些绘制图形的基本作图和通用设置绘制成一张基础图形，进行初步或标准的设置，这种基础图形称为样板图。

2．样本图在绘制图形中的作用

为避免重复操作，提高绘图效率，可以在设置图层、文字样式、尺寸标注样式、图框、标题栏等内容后将其保存为样板图，使用时直接调用即可。

AutoCAD 提供了许多样板文件，但这些样板文件和我国的国家标准不完全符合，所以不同的专业在绘图前都应该建立符合各自专业国家标准的样板图，保证图纸的规范性。

3．创建样板图的准则

（1）创建样板图时，必须严格遵守国家标准的有关规定。
（2）创建样板图时，必须使用标准线型。
（3）创建样板图时，必须将捕捉和栅格设置为在操作区操作的尺寸。
（4）创建样板图时，必须按标准的图纸尺寸打印图样。

二、样板图的创建

1．设置绘图环境

设置绘图环境前面已经介绍，这里不再赘述。

2．设置文字样式

根据项目五的任务，创建"汉字""西文"两种文字样式。其中，"汉字"样式选用"仿宋-GB2312"字体；"西文"样式选用"gbeitc.shx"字体，宽度因子为"1.0"。

3．设置尺寸标注样式

执行"格式"→"标注样式"命令，打开"标注样式管理器"对话框，建立新的标注样式。

4．绘制图框

（1）图纸的基本幅面尺寸。

图纸的基本幅面尺寸单位为 mm，基本幅面代号有 A0、A1、A2、A3、A4 5 种。

（2）图框格式。

图框是指图纸上限定绘图区域的线框。图框分为预留装订边和不留装订边两种。图框线为粗实线。预留装订边的图框格式如图 6-2 所示，不留装订边的图框格式如图 6-3 所示。

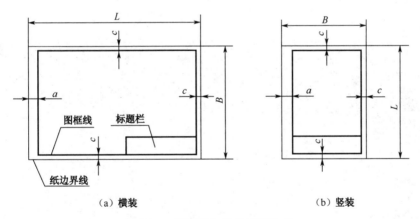

（a）横装　　　　　　　　　　　（b）竖装

图 6-2　预留装订边的图框格式

5．创建表面粗糙度块

在 AutoCAD 绘图环境下，表面粗糙度不能直接标注，需要事先按照机械制图国家标准对表面粗糙度标注的要求，画出表面粗糙度符号，然后定义成带属性的块，在标注时用插入块的方法进行标注。

6．创建标题栏写块

块是由一个或多个对象组成的对象集合，常用于绘制复杂、重复的图形。写块是由这样一组对象组合而成的块，可以根据作图需要将其插入到图中任意位置，而且还可以按不同的比例和旋转角度插入。将标题栏定义为写块。

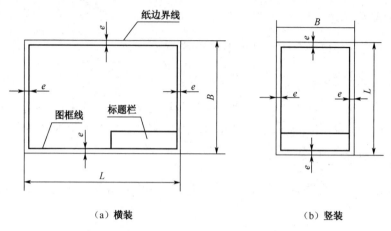

图 6-3　不留装订边的图框格式

7．保存样板图

单击"文件"→"另存为"按钮，打开"图形另存为"对话框，如图 6-4 所示。在"文件类型"下拉列表框中选择"AutoCAD 2010 图形（*.dwg）"选项，在"文件名"文本框中输入"机械样板图 A3（横装）"。单击"保存"按钮，打开"样板选项"对话框，如图 6-5 所示。在"说明"选项组中输入对样板图形的描述和说明，然后单击"确定"按钮，此时就创建好一个标准的 A3 样板文件。

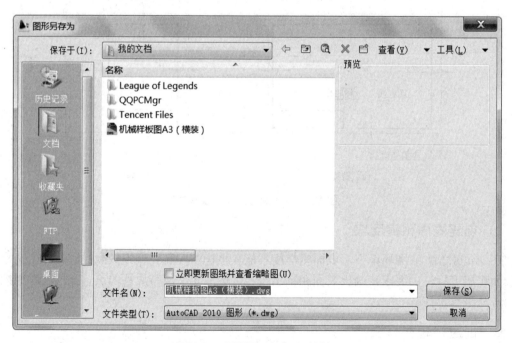

图 6-4　"图形另存为"对话框

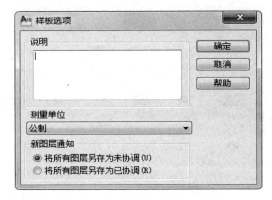

图 6-5　"样板选项"对话框

8．调用样板图

执行"文件"→"新建"命令，打开"选择样板"对话框，如图 6-6 所示。在"名称"列表框中选择"机械样板图 A3（横装）.dwt"选项，单击"打开"按钮。

图 6-6　"选择样板"对话框

三、AutoCAD 设计中心

利用设计中心，用户不仅可以浏览、查找、管理 AutoCAD 图形等不同资源，而且只需要拖动鼠标指针，就能轻松地将一张设计图纸中的图层、图块、文字样式、标注样式、线型、布局及图形等复制到当前的图形文件中。

1．激活命令的方法

（1）菜单栏：执行"工具"→"选项板"→"设计中心"命令。
（2）"标准"工具栏：单击"设计中心"图标 ▦ 。
（3）命令行：输入"ADCENTER"或"ADC"命令后按 Enter 键。
激活命令后，弹出如图 6-7 所示的"设计中心"窗口，其上有 3 个选项卡。

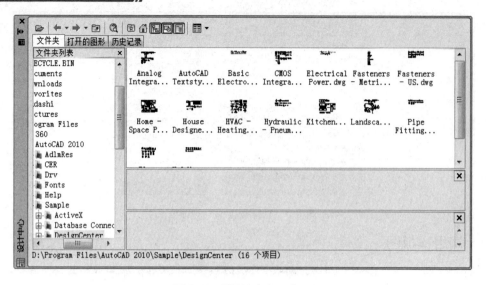

图 6-7　"设计中心"窗口

（1）"文件夹"选项卡：显示设计中心的资源，如图 6-7 所示。

（2）"打开的图形"选项卡：显示当前已打开的所有图形文件的列表，如图 6-8 所示。

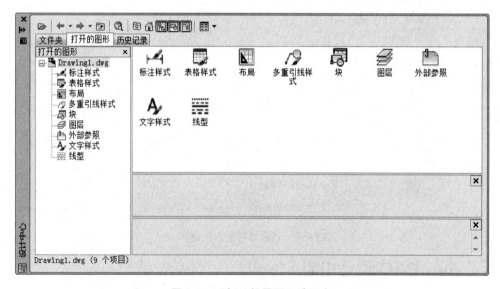

图 6-8　"打开的图形"选项卡

单击某个图形文件，就可以在右边的显示框中显示该图形的有关设置，如标注样式、布局块、图层外部参照等。

（3）"历史记录"选项卡：显示用户最近访问过的文件，包括这些文件的具体路径，如图 6-9 所示。

双击列表中的某个图形文件，可以在"文件夹"选项卡中的树状视图中定位此图形文件并将其内容加载到内容区域中。

图 6-9 "历史记录"选项卡

2．查找内容

如图 6-9 所示，可以单击"搜索"按钮，打开"搜索"对话框，如图 6-10 所示，寻找图形和其他的内容，在设计中心可以查找的内容有图形、填充图案、填充图案文件、图层、块、图形和块、外部参照、文字样式、线型、标注样式和布局等。

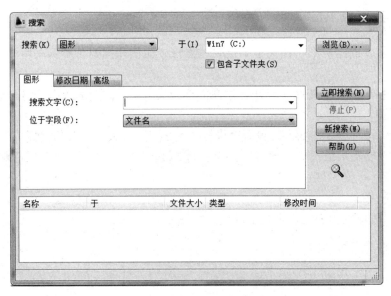

图 6-10 "搜索"对话框

在"搜索"对话框中有 3 个选项卡，分别给出 3 种搜索方式：通过"图形"信息搜索、通过"修改日期"信息搜索、通过"高级"信息搜索。

四、任务实施

1．创建样板图

（1）设置绘图单位。在绘图时，单位都采用十进制，长度精度一般为小数点后 1 位，角度精度一般为小数点后 0 位。

（2）设置图形界限。执行"格式"→"图形界限"命令，命令行提示：

```
命令： _limits                          // 启动命令
重新设置模型空间界限：                    // 系统提示
指定左下角点或［开（ON）/关（OFF）］<0.00，0.00>：
                                        // 默认左角点为（0，0），按 Enter 键
指定右上角点<420.00，297.00>：          // 输入右上角点为（420,297），按 Enter 键
```

（3）打开"栅格"，显示图形界限。

（4）创建图层。

（5）设置文字样式。一般建立"汉字""西文"两种文字样式。"汉字"样式选用"长仿宋字"，即"仿宋-GB2312"字体；"西文"样式选用"gbeitc.shx"字体，宽度因子为"1.0"。

（6）设置尺寸标注样式。

（7）绘制图框线。

（8）绘制标题栏，并将标题栏定义为属性块，然后将标题栏属性块插入到图框右下角。

（9）定义表面粗糙度图块。

（10）保存样板图。

（11）调用样板图。

2．绘制图形

（1）根据零件的结构形状和大小确定表达方法、比例和图幅。本例采用 1:1 比例，A3图纸，横装。

（2）打开相应的样板文件。打开已建立的样板文件"机械样板文件 A3（横装）"，以其为基础绘制新图。

（3）设置作图环境。在状态行设置"极轴角为 30 度"；设置"对象捕捉"为端点、中点、圆心、象限点及交点；依次单击激活状态行上的"极轴""对象捕捉""对象追踪"，关闭"捕捉""栅格"及"正交"。

（4）绘制视图。

① 绘制联轴器的中心线及定位基准线，如图 6-11 所示。

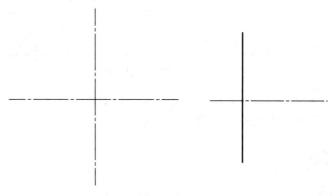

图 6-11　绘制中心线及定位基准线

② 绘制联轴器的基本部分的积聚性投影，再用对象追踪方法绘制其他投影，如图 6-12 所示。

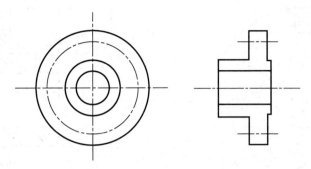

图 6-12　绘制基本部分的积聚性投影

③ 使用绘图命令及"镜像""阵列""倒角"等编辑命令补齐所有对象的投影，如图 6-13 所示。

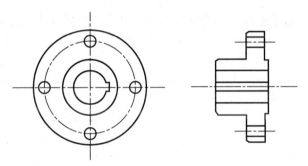

图 6-13　补齐所有对象的投影

④ 绘制剖面符号，如图 6-14 所示。

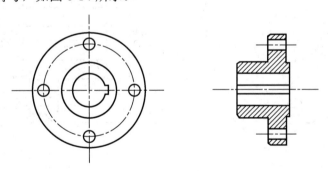

图 6-14　绘制剖面符号

（5）标注尺寸，如图 6-15 所示。

（6）标注表面粗糙度符号。采用插入属性块的方式标注。

（7）编写技术要求及填写标题栏。

① 采用"多行文字"编写技术要求，"技术要求"的字高为"7"，其他具体要求字高为"5"。

② 标题栏中的字高为"5"。

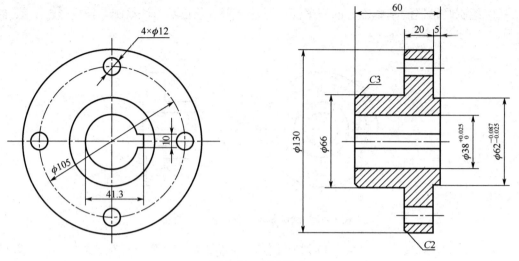

图 6-15　标注尺寸

③ 双击标题栏中需要更改属性的位置，在弹出的"增强属性编辑器"中填写属性值。
完成后效果如图 6-16 所示。

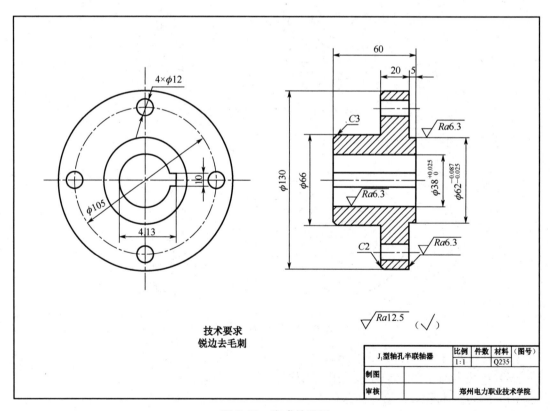

图 6-16　完成效果图

任务二 装配图的绘制

根据图 6-17～图 6-20 的零件图，绘制如图 6-21 所示的顶尖座装配图。

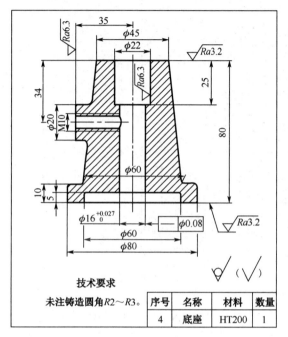

序号	名称	材料	数量
4	底座	HT200	1

图 6-17 底座

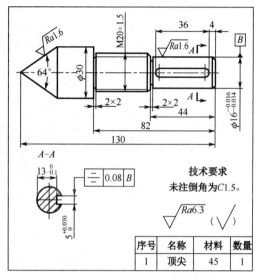

序号	名称	材料	数量
1	顶尖	45	1

图 6-18 顶尖

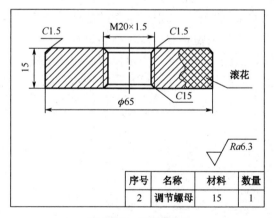

序号	名称	材料	数量
2	调节螺母	15	1

图 6-19 调节螺母

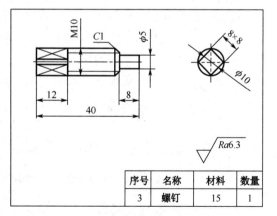

序号	名称	材料	数量
3	螺钉	15	1

图 6-20 螺钉

③ 双击标题栏中需要更改属性的位置，在弹出的"增强属性编辑器"中填写属性值。

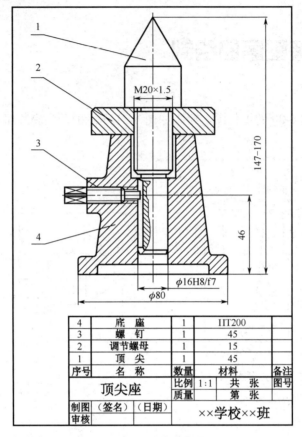

图 6-21 顶尖装配图

4	底　座	1	HT200	
3	螺　钉	1	45	
2	调节螺母	1	15	
1	顶　尖	1	45	
序号	名　称	数量	材料	备注
顶尖座		比例	1:1　共　张	图号
		质量	第　张	
制图	（签名）（日期）		××学校××班	
审核				

一、绘制装配图的方法

利用 AutoCAD 绘制装配图，可采用拼图法或直接绘制法。

拼图法有两种，一种是以已画出的零件图为基础创建图块，根据零件间的装配关系直接调用图块，经编辑整理后绘出装配图；另一种是先选择所需要的视图，然后进行复制操作，在另一个视图中采用"粘贴为块"调入，通过编辑整理"块视图"也可以拼画出装配图。

直接绘制法是指在装配图中直接绘出需要的零件视图，不需要制作零件图块。

二、任务实施步骤

1．确定表达方法、比例和图幅

确定表达方法、比例和图幅前面已经介绍，这里不再赘述。

2．创建零件图块文件

（1）创建块文件。用"写块（WBLOCK）"命令将各零件定义为块，供绘制装配图时调用。为保证绘制装配图时各零件之间的相对位置和装配关系，在创建写块时要注意选择好插入基点，如图 6-22 所示。

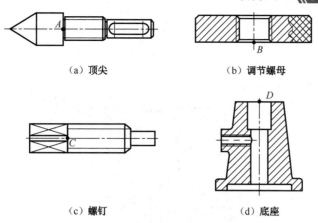

（a）顶尖　　　　　　　　　（b）调节螺母

（c）螺钉　　　　　　　　　（d）底座

图 6-22　各零件图块基点的选取

（2）打开已有的 A3 样板图，另存为"顶尖座装配图.dwg"文件。

3. 拼画装配图

（1）用块插入的方法拼画装配图。

按装配顺序逐一插入各零件图块，注意插入点必须放置在正确的位置上，如放置位置不正确，应使用移动命令将图块摆放好。

① 插入底座。单击"工具"→"选项板"→"设计中心"按钮，打开"设计中心"窗口。在"文件夹"的"文件夹列表"中找到底座零件图的存储位置，在"显示区"选中要插入的图形文件，如"座体.dwg"文件，在图形文件上右击，在弹出的快捷菜单中选择"插入为块"命令，打开"插入"对话框，对相关参数进行设置，然后单击"确定"按钮，即可将座体插入当前图形文件中，如图 6-23 所示。

② 用同样的方法，插入调节螺母，使 B、D 点重合，如图 6-24 所示。

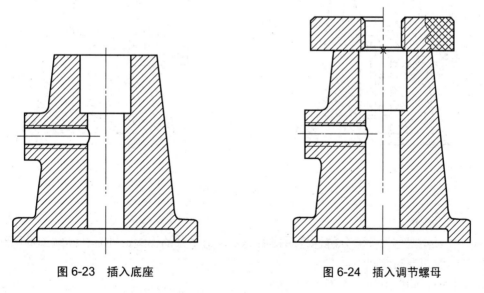

图 6-23　插入底座　　　　　　　　　图 6-24　插入调节螺母

③ 插入顶尖。把顶尖主视图旋转插入，旋转角度设置为-90°，以图 6-22（a）所示 A 点为基点插入。结果如图 6-25 所示。

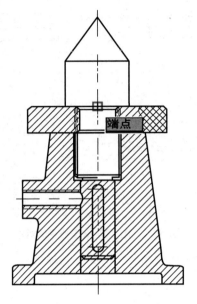

图 6-25　插入顶尖主视图

④ 以图 6-22（c）所示 *C* 点为基点插入螺钉，其效果如图 6-26 所示。

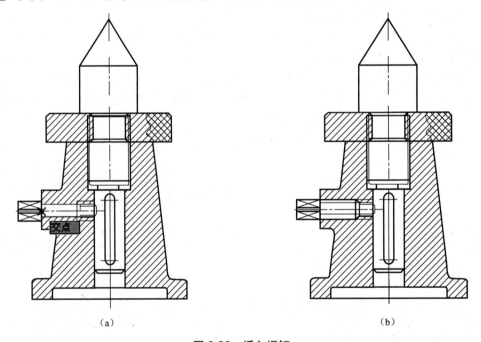

（a）　　　　　　　　　　　　　　　　　　（b）

图 6-26　插入螺钉

（2）编辑图形。

编辑时要先把零件图块分解，再用修剪命令修剪多余的图线，同时补画缺漏的图线，重新调整剖面线的方向或间距。

编辑后的正确图形如图 6-27（b）所示。

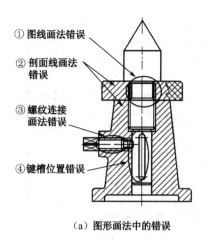

① 图线画法错误

② 剖面线画法
　　错误

③ 螺纹连接
　　画法错误

④ 键槽位置错误

（a）图形画法中的错误　　　　　　　（b）正确图形的画法

图 6-27　编辑图形

4. 标注装配图的尺寸

标注装配图的尺寸，如图 6-28 所示。

5. 标注零件序号

标注零件序号，如图 6-29 所示。

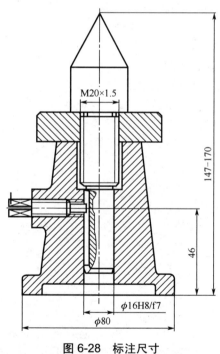

图 6-28　标注尺寸

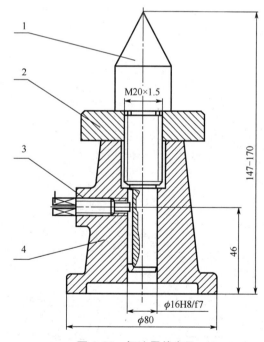

图 6-29　标注零件序号

6. 填写标题栏、编写明细栏

填写标题栏、编写明细栏，如图 6-30 所示。

4	底　座	1	IIT200	
3	螺　钉	1	45	
2	调节螺母	1	15	
1	顶　尖	1	45	
序号	名　称	数量	材料	备注

顶尖座		比例	1:1	共　张	图号
		质量		第　张	
制图	（签名）	（日期）	××学校××班		
审核					

图 6-30　填写标题栏、编写明细栏

7．保存图形文件

在 AutoCAD 文件中单击"保存"按钮，即可保存图形文件。

项目七
布尔运算、图形查询

 知识目标

1. 掌握创建"面域"的方法。
2. 掌握布尔运算的方法。
3. 掌握 AutoCAD 2010 图形的距离、面积、周长的查询。

技能目标

1. 能正确使用面域并能对面域进行布尔运算。
2. 能查询图形距离、面积、周长。

任务　查询棘轮阴影部分的面积

棘轮阴影部分的面积如图 7-1 所示。

按照图 7-1（a）画出棘轮图形，生成面域后如图 7-1（b）所示，查询阴影部分的面积。通过本例学习"面域""布尔运算""查询"命令。

一、创建面域

面域是二维的平面，利用"面域"命令可以将二维闭合线框转化为面域，如将图 7-2 所示的四边形线框转化为如图 7-3 所示的四边形平面。面域是由多段线、直线、圆弧、圆、椭圆弧、椭圆和样条曲线等对象围成的二维平面。面域的边界由端点相连的曲线组成，必须是严格封闭的图形。

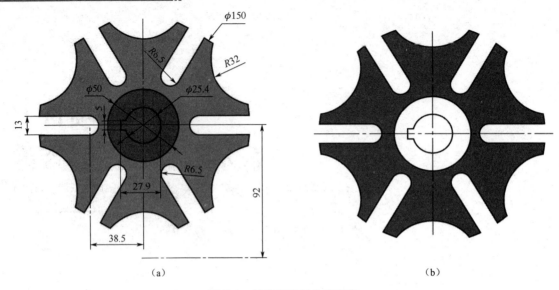

(a)   (b)

图 7-1　棘轮阴影部分的面积

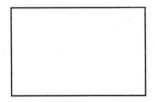

图 7-2　二维闭合线框

图 7-3　四边形平面

激活命令的方法如下。

（1）菜单栏：执行"绘图"→"面域"命令。

（2）"绘图"工具栏：单击"面域"图标 。

（3）命令行：输入"REGION"或"REG"命令后按 Enter 键。

激活命令后，命令行提示：

```
命令：_region
选择对象：指定对角点：找到 4 个        //选择对象，系统提示选择对象的个数
选择对象：                            //按 Enter 键结束选择
已创建 1 个面域。                     //系统提示创建面域情况
```

二、布尔运算

AutoCAD 中的布尔运算，是指对面域或实体进行"并""交""差"布尔逻辑运算，以创建新的面域或实体。

1. 并集

将多个面域或实体合并为一个新面域或实体。操作对象既可以是相交的，也可以是分离开的。

激活命令的方法如下。

（1）菜单栏：执行"修改"→"实体编辑"→"并集"命令。

（2）"实体编辑"工具栏：单击"并集"图标 ⟳ 。

（3）命令行：输入"UNION"或"UNI"命令后按 Enter 键。

激活命令后，命令行提示：

```
命令：-union ↙
选择对象：        //选择要进行合并的形体，选择结束后按 Enter 键
选择对象：        //选择另一形体
选择对象：        //选择结束后按 Enter 键
```

面域并集和实体并集如图 7-4 和图 7-5 所示。

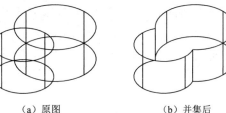

（a）原图　　（b）并集后　　　　　　　　　　　（a）原图　　（b）并集后

图 7-4　面域并集　　　　　　　　　　　　　　　图 7-5　实体并集

2. 差集

差集是指可以从一个面域或实体选择集中减去另一个面域或实体选择集，从而创建一个新的面域或实体。

激活命令的方法如下。

（1）菜单栏：执行"修改"→"实体编辑"→"差集"命令。

（2）"实体编辑"工具栏：单击"差集"图标 ⟳ 。

（3）命令行：输入"SUBTRACT"或"SU"命令后按 Enter 键。

激活命令后，命令行提示：

```
命令：-subtract
选择要从中减去的实体、曲面和面域...
选择对象：                        //选取被减的实体
选择要减去的实体、曲面和面域...
选择对象：                        //选取要减去的实体
选择对象：                        //按 Enter 键
```

面域差集和实体差集如图 7-6 和图 7-7 所示。

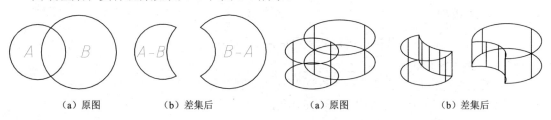

（a）原图　　　　　（b）差集后　　　　　　　（a）原图　　　　（b）差集后

图 7-6　面域差集　　　　　　　　　　　　　　　图 7-7　实体差集

3．交集

交集是指将多个面域或实体相交的部分创建为一个新面域或实体。

激活命令的方法如下。

（1）菜单栏：执行"修改"→"实体编辑"→"交集"命令。

（2）"实体编辑"工具栏：单击"交集"图标 ⬤。

（3）命令行：输入"INTERSECT"或"IN"命令后按 Enter 键。

激活命令后，命令提示：

```
命令: -intersect ↙
选择对象:              //选择要进行相交的实体
选择对象:              //选择相交的另一对象
选择对象:              //选择结束后按 Enter 键
```

面域交集和实体交集如图 7-8 和图 7-9 所示。

（a）原图　　　　　　（b）交集后　　　　　　　（a）原图　　　　　（b）交集后

图 7-8　面域交集　　　　　　　　　　图 7-9　实体交集

三、查询对象

利用 AutoCAD 中的查询功能，能查询所选对象的面积、距离、质量特性、点坐标及系统状态等。图 7-10 所示为执行"工具"→"查询"命令后显示的结果。

图 7-10　查询菜单

1．查询距离

利用"距离"命令可以测量指定两点之间距离和角度。

激活命令的方法如下。

（1）菜单栏：执行"工具"→"查询"→"距离"命令。

（2）"查询"工具栏：单击"距离"图标。

（3）命令行：输入"DIST"或"DI"命令后按 Enter 键。

激活上述命令后，指定两点，即可在命令行窗口中显示相应信息。

命令行提示：

命令：_dist 指定第一点：   //指定所要查询对象的第一点位置
 指定第二点：   //指定所要查询对象的第二点位置
 距离=549.3442，XY 平面中的倾角=4，   与 XY 平面的夹角=0
 X 增量=548.0531，   Y 增量=37.6411，   Z 增量=0.0000

2．查询面积

利用"面积"命令可以计算对象或指定封闭区域的面积和周长。

激活命令的方法如下。

（1）菜单栏：执行"工具"→"查询"→"面积"命令。

（2）"查询"工具栏：单击"面积"图标 。

（3）命令行：输入"AREA"命令后按 Enter 键。

激活上述命令后，通过指定点或选择对象方式确定查询对象，即可在命令行窗口中显示相应信息。

命令行提示：

命令：_area
 指定第一个角点或 [对象（O）/加（A）/减（S）]：o   //输入 o，按 Enter 键
 选择对象：   //选择要查询面积的对象

图 7-11 所示为一个五边形的面积，求这五边形的面积。

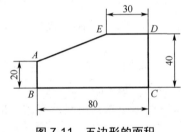

图 7-11　五边形的面积

操作过程：

执行"工具"→"查询"→"面积"命令，依次捕捉点 A、点 B、点 C、点 D、点 E，系统显示五边形的面积和周长。

3．查询点坐标

利用"点坐标"命令可以显示指定点的坐标。

激活命令的方法如下。

（1）菜单栏：执行"工具"→"查询"→"点坐标"命令。

（2）"查询"工具栏：单击"点坐标"图标 。

（3）命令行：输入"ID"命令后按 Enter 键。

激活上述命令后，拾取要显示坐标的点，即可在命令行窗口中显示相应信息。

命令行提示：

命令：_id

指定点：   //指定所要查询对象的点

指定点： X=197.6989   Y=107.7007   Z=0.0000

4. 查询质量特性

利用"面域/质量特性"命令可以计算面域或实体的质量特性。

激活命令的方法如下。

（1）菜单栏：执行"工具"→"查询"→"面域/质量特性"命令。

（2）"查询"工具栏：单击"面域/质量特性"图标■■。

（3）命令行：输入"MASSPROP"命令后按 Enter 键。

激活上述命令后，选择面域或实体，即可在文本窗口中显示面积、周长、质心等信息。

5. 列表显示

利用"列表"命令可以以列表形式显示选定对象的特性参数。

激活命令的方法如下。

（1）菜单栏：执行"工具"→"查询"→"列表显示"命令。

（2）"查询"工具栏：单击"列表显示"图标■。

（3）命令行：输入"LIST"或"LI"命令后按 Enter 键。

激活上述命令后，选择一个或多个对象，即可以列表形式显示选定对象的特性参数。

6. 查询时间

利用"时间"命令可以查询当前图形有关日期和时间的信息。

激活命令的方法如下。

（1）菜单栏：执行"工具"→"查询"→"时间"命令。

（2）命令行：输入"TIME"命令后按 Enter 键。

激活上述命令后，AutoCAD 切换到文本窗口显示有关时间的信息。

7. 查询系统状态

利用"状态"命令可以查询显示当前图形中的对象数目、图形范围、可用图形磁盘空间和可用物理内存，以及有关参数设置等信息。

激活命令的方法如下。

（1）菜单栏：执行"工具"→"查询"→"状态"命令。

（2）命令行：输入"STATUS"命令后按 Enter 键。

激活上述命令后，AutoCAD 切换到文本窗口显示相应的信息。

四、任务实施

1. 创建面域

利用"面域"命令，将棘轮图形生成面域，并保存文件。

2. 面积查询

执行"工具"→"查询"→"面积"命令，命令行提示：

```
命令：_area
指定第一个角点或 [对象 (O) /加 (A) /减 (S)]：a          //首选加模式
指定第一个角点或 [对象 (O) /减 (S)]：o                //输入对象模式
（"加"模式）选择对象：                              //单击棘轮轮廓多段线，求面积
面积=11445.5142，周长=983.6084
总面积=11445.5142
（"加"模式）选择对象：                              //按 Enter 键
指定第一个角点或 [对象 (O) /减 (S)]：s                //选择减模式
指定第一个角点或 [对象 (O) /加 (A)]：o                //输入对象模式
（"减"模式）选择对象：                              //单击 $\phi50$ mm 的圆
面积=1963.4954，圆周长=157.0796
总面积=9482.0188
```

项目八
轴测图的绘制

 知识目标

1. 掌握绘制正等轴测图的环境设置。
2. 掌握绘制正等轴测图的方法。

 技能目标

掌握在轴测图中书写文本的方法。

任务　绘制弯板轴测图

弯板轴测图如图 8-1 所示。

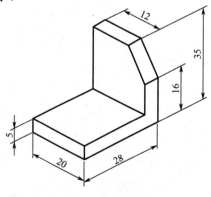

图 8-1　弯板轴测图

通过本例学习正等轴测图的环境设置、绘制正等轴测图的方法及轴测图中书写文本的方法。

一、正等轴测图的环境设置

1．功能

轴测图是二维图形，它的投影原理与基本视图的投影原理相同，只是投影方向有所调整。将"捕捉类型"设置为"等轴测捕捉"，每按一次 Ctrl+E 组合键或 F5 快捷键，光标变化一次。

正等轴测图的轴间角均为 120°，轴向变形系数为 1。执行该命令时，首先应使栅格捕捉处于等轴测方式。在"草图设置"对话框中选中"等轴测捕捉"单选按钮，如图 8-2 所示。

图 8-2 "草图设置"对话框

三个平面中的关联轴如图 8-3 所示。

(a) *XOY* 面　　　　　(b) *YOZ* 面　　　　　(c) *XOZ* 面

图 8-3 三个平面中的关联轴

2．激活命令的方法

命令行：输入"ISOPLANE"命令后按 Enter 键。

激活命令后，命令行提示：

> 输入等轴测平面设置[左(L)/上(T)/右(R)]<上>：(输入选择项)

各选项功能如下。

"左(L)"：左轴测面为当前绘图面，光标"+"字线变为150°和90°的方向。

"上(T)"：顶轴测面为当前绘图面，光标"+"字线变为30°和90°的方向。

"右(R)"：右轴测面为当前绘图面，光标"+"字线变为30°和150°的方向。

在该提示下连续按 Enter 键，也可以用 F5 键或 Ctrl+E 组合键，按 E→T→R→L 顺序实现等轴测绘图的转换。

① 右击状态栏中的"对象捕捉"按钮，在弹出的快捷菜单中选择"设置"命令，打开"草图设置"对话框，在"捕捉和栅格"选项卡的"捕捉类型"选项区域选中"等轴测捕捉"单选按钮，然后单击"确定"按钮。

② 选择"工具"→"草图设置"命令，打开"草图设置"对话框，在"捕捉和栅格"选项卡的"捕捉类型"选项区域选中"等轴测捕捉"单选按钮，然后单击"确定"按钮。

二、正等轴测图的绘制方法

1. 直线的画法

（1）极轴追踪。

右击状态栏中的"极轴追踪"按钮，在弹山的快捷菜单中选择"设置"命令，打开"草图设置"对话框，在"极轴追踪"选项卡选中"启用极轴追踪"复选框，设置"增量角"为30，如图 8-4 所示，然后单击"确定"按钮，可绘制30°的倍数线。

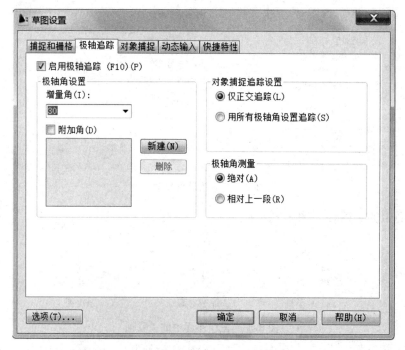

图 8-4 在"极轴追踪"选项卡中设置"增量角"

（2）正交模式控制法。

正交模式控制法须打开"正交模式"。绘制直线时，光标自动沿30°、90°、150°方向移动，可绘制与轴测轴平行的线段。绘制与轴测轴不平行的线段时，先关闭正交模式，然后找出直线上的两点，连接两点即可。

2. 轴测圆的画法

圆的轴测图是椭圆，当圆位于不同的轴测面时，椭圆的长轴和短轴的位置是不同的，如图 8-5 所示。

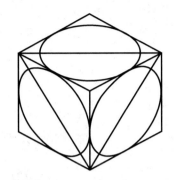

图 8-5　不同轴测平面内圆的轴测图

激活命令的方法如下。

（1）菜单栏：执行"绘图"→"椭圆"命令。

（2）"绘图"工具栏：单击"椭圆"图标 。

（3）命令行：输入"ELLIPSE"或"EL"命令后按 Enter 键。

激活命令后，命令行提示：

```
命令：_ellipse
指定椭圆的轴端点或[圆弧(A)/中心点(C) /等轴测圆（I）]：I //输入I，按Enter键
指定等轴测圆的圆心：        //捕捉对角线的中点
指定轴测圆的半径：          //输入半径值，按Enter键
```

按 F5 键切换 *XOY* 面、*YOZ* 面、*XOZ* 面。

三、在轴测图中书写文本

1. 设置文字的倾斜度

激活命令的方法如下。

（1）菜单栏：执行"格式"→"文字样式"命令。

（2）"样式"工具栏：单击"文字样式"图标。

（3）命令行：输入"STYLE"命令后按 Enter 键。

激活命令后，弹出"文字样式"对话框，在对话框中设置"倾斜角度"为 30°，如图 8-6 所示，然后单击"应用"按钮，再单击"关闭"按钮。

2. 轴测面上文本的倾斜规律

（1）在左轴测面（*YOZ* 面）上，文本须采用-30°倾斜角，同时使用旋转命令旋转-30°的角。

（2）在右轴测面（*XOZ* 面）上，文本须采用 30°倾斜角，同时使用旋转命令旋转 30°的角。

图 8-6 "文字样式"对话框

（3）在顶轴测面（*XOY* 面）上，平行于 *X* 轴时，文本须采用-30°倾斜角，同时使用旋转命令旋转 30°的角；半行于 *Y* 轴时，文本需采用 30°倾斜角，同时使用旋转命令旋转-30°的角。

各轴测面上的文字效果如图 8-7 所示。

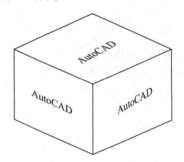

图 8-7 各轴测面上的文字效果

四、任务实施

1．设置正等轴测图的绘图环境

设置绘图环境前面已经介绍，这里不再赘述。

2．绘图

（1）打开正交模式，切换到 *XOY* 面，调用"直线"命令。绘制底面形状（长 28mm，宽 20mm），如图 8-8（a）所示；沿 *Z* 轴向上复制底面，距离为 5mm，如图 8-8（b）所示；连接各棱线，删除不可见图形，如图 8-8（c）所示。

（2）切换轴测面至 *YOZ* 面。绘制左面形状，如图 8-9（a）所示；沿 *X* 轴方向向左复制左面形状，距离为 5mm，如图 8-9（b）所示；连接各棱线，删除不可见图形，如图 8-9（c）所示。

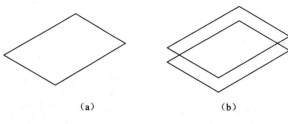

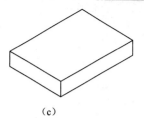

（a）　　　　　　　（b）　　　　　　　（c）

图 8-8　绘制底面形状

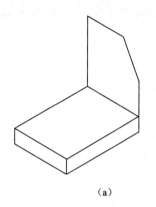

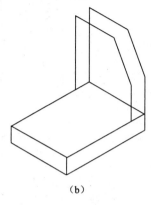

（a）　　　　　　　（b）　　　　　　　（c）

图 8-9　绘制左面形状

3．保存图形文件

在 AutoCAD 文件中单击"保存"按钮，即可保存图形文件。

项目九
三维实体的创建与编辑

 知识目标

1. 了解三维绘图需要的工具栏。
2. 了解三维坐标系。
3. 了解三维绘图的基本命令。
4. 掌握三维绘图的基本命令。
5. 掌握由二维平面图形创建三维实体的方法。
6. 掌握三维实体的操作方法。
7. 掌握三维实体的基本编辑方法。

技能目标

1. 能够利用三维命令创建组合实体模型。
2. 能够运用布尔运算绘制三维实体。

任务一 绘制基本实体模型

绘制如图 9-1 所示的图形，通过本例学习"长方体"、"圆柱体"、"多段体"、"圆锥体"、"楔体"等命令。

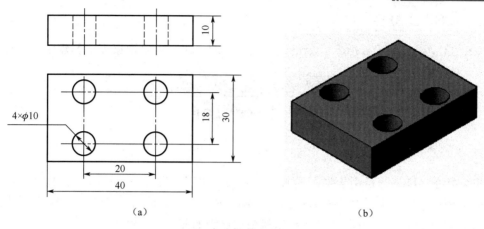

图 9-1　简单实体的绘制

一、三维绘图需要的主要工具栏

1. "建模" 工具栏

"建模"工具栏如图 9-2 所示。单击该工具栏中的按钮，可以绘制多段体、长方体、楔体、圆锥体、球体、圆柱体、圆环体及棱锥体等基本实体模型，也可以通过拉伸、扫掠、旋转和放样等方法创建实体模型，能实现实体模型的三维移动、三维旋转和三维对齐等操作。

图 9-2　"建模"工具栏

2. "实体编辑" 工具栏

"实体编辑"工具栏如图 9-3 所示。单击该工具栏中的按钮，可以对三维实体进行布尔运算，实现面拉伸、面移动、面旋转、面倾斜、面着色及压印、分割、抽壳等编辑操作。

图 9-3　"实体编辑"工具栏

3. "动态观察" 工具栏

"动态观察"工具栏如图 9-4 所示。单击该工具栏中的按钮，可以实现对实体模型的动态观察。

4. "视图" 工具栏

图 9-4　"动态观察"工具栏

"视图"工具栏如图 9-5 所示。单击该工具栏中的按钮，可以切换视图，从多个方向观察图形。

图 9-5　"视图"工具栏

5."UCS"工具栏

"UCS"工具栏如图9-6所示。单击该工具栏中的按钮,可以根据需要创建用户坐标系。

图9-6 "UCS"工具栏

二、三维坐标系

用户坐标系(UCS)是用于坐标输入、平面操作和查看对象的一种可移动坐标系。移动后的坐标系相对于世界坐标系(WCS)而言,就是创建的用户坐标系(UCS)。大多数编辑命令取决于当前 UCS 的位置和方向,二维对象将绘制在当前 UCS 的 XY 平面上。

激活命令的方法如下。

(1)菜单栏:执行"工具"→"新建 UCS"命令。

(2)工具栏:单击"UCS"→"按不同方式建立用户坐标系"图标,效果如图9-7所示。

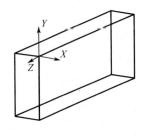

(a)

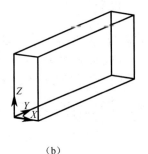

(b)

图9-7 原点 UCS 执行后坐标系的位置

(3)命令行:输入"UCS"命令后按 Enter 键。

激活命令后,命令行提示:

> 命令:_UCS
> 当前 UCS 名称:*世界*
> 指定 UCS 的原点或[面(F)/命名(NA)/对象(OB)/上一个(P)/视图(V)/
> 世界(W)/X/Y/Z/Z轴(ZA)/三点(P)]<世界>:

各选项功能说明如下。

(1)指定 UCS 的原点:表示移动当前 UCS 的原点,保持其 X、Y 和 Z 轴方向不变,创建新的 UCS 或以新的指定点为原点,重新设置 X、Y 和 Z 轴方向,创建新的 UCS。

在该提示下,捕捉如图 9-7(a)所示长方体左下角的点,坐标系的原点(0,0,0)被重新定义到新的指定点处,系统继续提示:

> 指定 X 轴上的点或<接受>:
> //选择长方体左面的底边,X 坐标轴的正半轴通过此点,图示位置与此底边重合

系统继续提示:

> 指定 XY 平面上的点或<接受>:

(2)面(F):将 UCS 与选定实体对象的面对正。在该提示下,选择图形对象的一个面(可以在面的边界内或面的某个边上单击,被选中的面将显示为虚线),如图9-8(a)所示,系统

继续提示：

输入选项[下一个（N）/X 轴反向（X）/Y 轴反向(Y)] <接受>："。

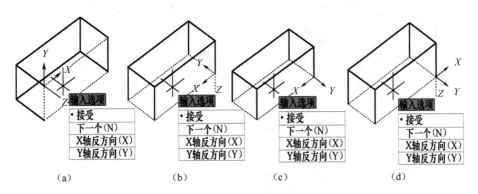

图 9-8　面 UCS 执行后坐标系的位置

（3）命名（NA）：为新建的用户坐标命名。

（4）对象（OB）：根据选定对象定义新的坐标系。在系统提示下输入"OB"，按 Enter 键后，系统提示：

选择对齐 UCS 的对象：

在该提示下，系统将根据用户选择的不同对象来定义不同的 UCS，选择如图 9-9（a）所示长方体的一条边。图 9-9（b）所示为该命令执行后的效果，坐标系变换后就可以在长方体的顶面上绘制圆了。

图 9-9　对象 UCS 执行前后的坐标系

（5）上一个（P）：恢复上一个 UCS。

（6）视图（V）：以垂直于视图方向（平行于屏幕）的平面为 XY 平面，来建立新的坐标系，UCS 的原点位置保持不变。命令执行前后的坐标系如图 9-10（a）和图 9-10（b）所示，该命令主要用于在三维实体视图中书写文字。

（7）世界（W）：将当前用户坐标系设置为世界坐标系。

（8）X/Y/Z：指定绕 X/Y/Z 轴的旋转角度来得到新的 UCS。图 9-11（a）所示为坐标系旋转前的效果，选择"绕 X 轴旋转 90°"，坐标系变换后如图 9-11（b）所示；继续选择"绕 Y 轴旋转 180°"，坐标系变换后如图 9-11（c）所示；继续选择"绕 Z 轴旋转 45°"，坐标系变换后如图 9-11（d）所示。

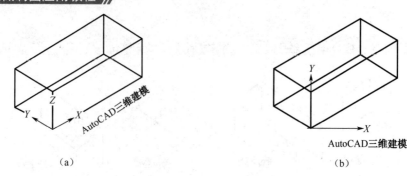

图 9-10 视图 UCS 执行前后的坐标系

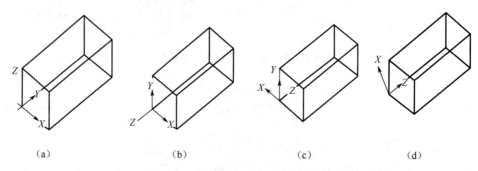

图 9-11 旋转 UCS 执行前后的坐标系

（9）Z 轴（ZA）：用于将 Z 轴的正方向定义为 UCS，用该命令确定坐标系时要选择两点，第一点确定新 UCS 的原点，指定第二点后，第二点和第一点的连线决定坐标系 Z 轴的方向。

（10）三点（P）：用于在三维空间中任意指定三点来确定 UCS。

图 9-12（a）所示为原坐标系，依次指定 1、2、3 三点，坐标系变换后的效果分别如图 9-12（b）和图 9-12（c）所示，并且可以在由 1 点、2 点和 3 点组成的 XOY 坐标面上绘制圆。

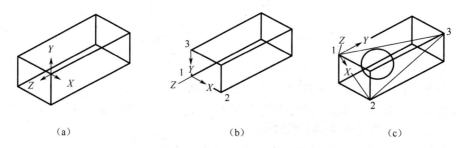

图 9-12 三点 UCS 执行前后的坐标系

三、设置三维视点

视点是指观察图形的方向。调整视点到空间中的一个指定点，观察者就好像从该点向原点方向观察图形。进行三维图形绘制时，一定要知道如何观察三维图形。在 AutoCAD 中设置三维视点可以使用"视图"→"三维视图"命令下的子菜单，如图 9-13 所示。也可以使用

"三维视点（vpoint）"命令或"视图"工具栏，在 10 个标准视点所定义的视图中切换，如图 9-14 所示。

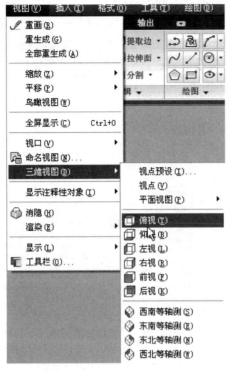

图 9-13　"视图"→"三维视图"下的子菜单

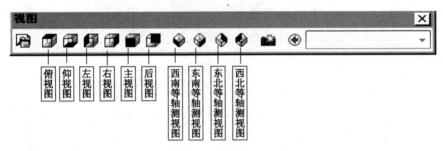

图 9-14　"视图"工具栏

四、动态观察

动态观察就是视点围绕目标移动，而目标保持静止。使用这一功能，用户可以从不同的角度查看对象，还可以让模型自动连续地旋转。

动态观察分为受约束的动态观察、自由动态观察和连续动态观察，其中最常用的是受约束的动态观察。

激活命令的方法如下。

（1）菜单栏：执行"视图"→"动态观察"→"受约束的动态观察"命令。

（2）工具栏：单击"三维导航"→"受约束的动态观察"图标。

（3）命令行：输入"3DORBIT"命令后，按 Enter 键。

五、设置多视口

多视口可以为不同的模型提供不同的视图。例如，可以设置多个视口以显示主视图、俯视图、左视图及轴测视图。设置可以从执行"视图"→"视口"命令实现。也可以在命令行输入"sports"命令后按 Enter 键，如图 9-15 所示。执行其中的"新建视口（E）"命令，得到如图 9-16 所示的"视口"对话框。在该对话框中有"新建视口"和"命名视口"两个选项卡，分别如图 9-16 和图 9-17 所示。

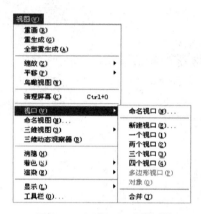

图 9-15   "视口"子菜单

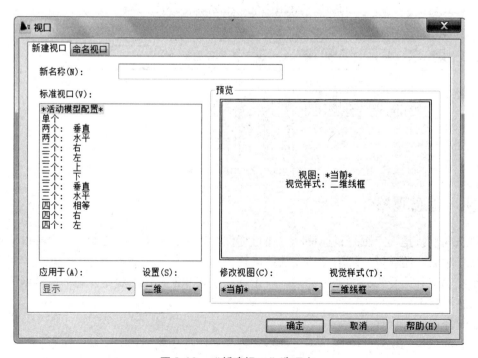

图 9-16   "新建视口"选项卡

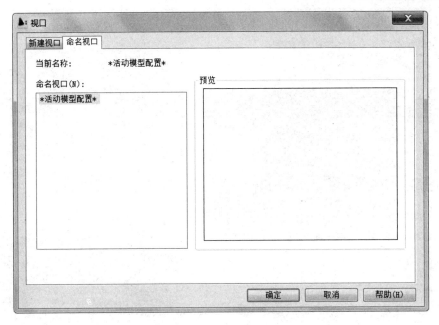

图 9-17　"命名视口"选项卡

六、三维图形的显示

1. 消隐图形

利用"hide"命令可以暂时隐藏位于实体背后的被遮挡的轮廓线，只显示三维实体的可见轮廓线，从而使三维实体的立体感更强。

激活命令的方法如下。

（1）菜单栏：执行"视图"→"消隐"命令。

（2）命令行：输入"hide"或"hi"命令后按 Enter 键。

2. 视觉样式

利用"视觉样式（shademode）"命令可以生成"二维线框""三维线框""真实""概念"等多种视图。

激活命令的方法如下。

（1）菜单栏：执行"视图"→"视觉样式"命令。

（2）命令行：输入"shademode"命令后按 Enter 键。

执行"视图"→"视觉样式"命令，打开视觉样式的级联菜单，如图 9-18 所示。

图 9-18　"视觉样式"的级联菜单

"视觉样式"的显示形式如图 9-19 所示。

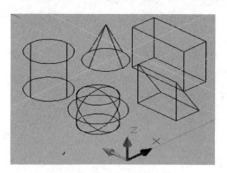

（a）三维线框

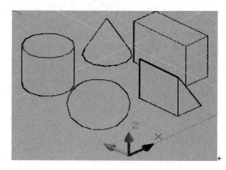

（b）三维隐藏

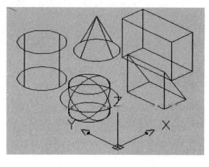

（c）二维线框

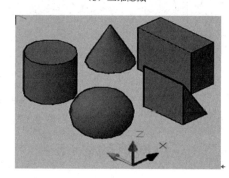

（b）概念

图 9-19 "视觉样式"显示形式

七、三维建模命令

1. "长方体"命令

长方体是最基本的立体图形，是构成复杂实体的基本要素之一。当长、宽、高均相等时将创建一个立方体。

长方体如图 9-20 所示，激活命令的方法如下。

（1）菜单栏：执行"绘图"→"建模"→"长方体"命令。

（2）"建模"工具栏：单击"建模"图标 。

（3）命令行：输入"BOX"命令后按 Enter 键。

激活命令后，命令行提示：

```
命令：_box                              //启动命令
指定第一个角点或［中心（C）］：           //指定长方体的第一个角点
指定其他角点或［立方体（C）/长度（L）］：   //指定长方体的另一个角点
指定高度或［两点（2P）］：                //指定长方体的高度
```

各选项功能如下。

（1）指定第一个角点：输入长方体底面四边形对角线顶点位置，这样底面四边形的形状和位置随之确定。

（2）立方体(c)：创建一个长、宽、高相同的长方体。

（3）长度(L)：分别按指定长、宽、高来创建长方体。其中，长度对应的是 X 坐标轴，宽

度对应的是 Y 坐标轴，高度对应的是 Z 坐标轴。

2. "楔体"命令

楔体如图 9-21 所示，激活命令的方法如下。

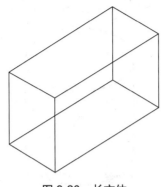

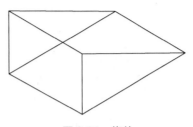

图 9-20　长方体　　　　　　　　　　　图 9-21　楔体

（1）菜单栏：执行"绘图"→"建模"→"楔体"命令。

（2）"建模"工具栏：单击"建模"图标 ◣。

（3）命令行：输入"wedge"命令后按 Enter 键。

激活命令后，命令行提示：

```
命令：_wedge
指定第一个角点或［中心（C）］：              //指定楔体的第一个点
指定其他角点或［立方体（C）/长度（L）］：      //指定楔体的其他角点
指定高度或［两点（2P）］<346.6>：            //指定楔体的高度
```

3. "圆锥体"命令

圆锥体如图 9-22 所示，激活命令的方法如下。

（1）菜单栏：执行"绘图"→"建模"→"圆锥体"命令。

（2）"建模"工具栏：单击"圆锥体"图标 ◭。

（3）命令行：输入"cone"命令后按 Enter 键。

激活命令后，命令行提示：

```
命令：_cone
指定底面的中心点或［三点（3P）/两点（2P）/相切、相切、半径（T）/椭圆（E）］：
                                          //指定底面中心
指定底面半径或［直径（D）］<30.00>：           //输入底面圆半径
指定高度或［两点（2P）/轴端点（A）/顶面半径（T）］<15.75>：  //输入圆锥体高度
```

各选项功能如下。

（1）三点（3P）：可通过三点绘制底面圆。

（2）两点（2P）：可通过两点绘制底面圆。

（3）相切、相切、半径（T）：可通过相切、相切、半径绘制底面圆。

（4）椭圆（E）：绘制椭圆锥底面椭圆。

（5）直径（D）：输入直径确定底面圆的大小。

（6）轴端点（A）：输入轴端点确定圆锥体高度。

（7）顶面半径（T）：通过输入顶面半径和高度确定圆锥体。

4."圆柱体"命令

圆柱体如图 9-23 所示，激活命令的方式如下。

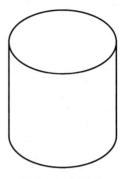

图 9-22　圆锥体 　　　　　　　　　　　　　　图 9-23　圆柱体

（1）菜单栏：执行"绘图"→"建模"→"圆柱体"命令。

（2）"建模"工具栏：单击"圆柱体"图标 。

（3）命令行：输入"cylinder"命令后按 Enter 键。

激活命令后，命令行提示：

```
命令：_cylinder
指定底面的中心点或 [三点（3P）/两点（2P）/相切、相切、半径（T）/椭圆（E）]:
                                        //指定底面中心
指定底面半径或 [直径（D）] <30.00>:        //指定底面圆半径
指定高度或 [两点（2P）/轴端点（A）] <40.00>:  //指定圆柱体高度
```

5."球体"命令

球体如图 9-24 所示，激活命令的方法如下。

（1）菜单栏：执行"绘图"→"建模"→"球体"命令。

（2）"建模"工具栏：单击"球体"图标 。

（3）命令行：输入"sphere"命令后按 Enter 键。

激活命令后，命令行提示：

```
命令：_sphere
指定中心点或 [三点（3P）/两点（2P）/相切、相切、半径（T）]:   //指定球体的中心
指定半径或 [直径（D）] <25.6>:                        //指定球体的半径
```

6."圆环体"命令

圆环体如图 9-25 所示，激活命令的方法如下。

（1）菜单栏：执行"绘图"→"建模"→"圆环体"命令。

（2）"建模"工具栏：单击"圆环体"图标 。

（3）命令行：输入"torus"命令后按 Enter 键。

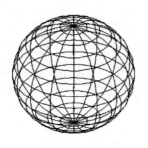

图 9-24　球体

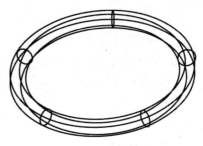

图 9-25　圆环体

激活命令后，命令行提示：

```
命令：_torus
指定中心点或［三点（3P）/两点（2P）/相切、相切、半径（T）］：        //指定圆环的中心
指定半径或［直径（D）］<121.20>：                              //输入外环的半径或直径
指定圆环半径或［两点（2P）/直径（D）］：                         //指定圆环半径
```

7. "多段体"命令

多段体如图 9-26 所示，激活命令的方法如下。

（1）菜单栏：执行"绘图"→"建模"→"多段体"命令。

（2）"建模"工具栏：单击"多段体"图标 🔯。

（3）命令行：输入"polysolid"命令后按 Enter 键。

激活命令后，命令行提示：

```
命令：_Polysolid 高度=4.0000,宽度=0.2500，对正=居中
指定起点或［对象（O）/高度（H）/宽度（W）/对正（J）］<对象>：//指定多段体的起点
指定下一个点或［圆弧（A）/放弃（U）］：                        //指定多段体的下一个点
指定下一个点或［圆弧（A）/放弃（U）］：                        //指定多段体的下一个点
指定下一个点或［圆弧（A）/闭合（C）/放弃（U）］：      //输入 c，按 Enter 键，闭合图形
```

8. "棱锥体"命令

棱锥体如图 9-27 所示，激活命令的方法如下。

图 9-26　多段体

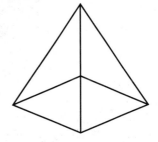

图 9-27　棱锥体

（1）菜单栏：执行"绘图"→"建模"→"棱锥体"命令。

（2）"建模"工具栏：单击"建模"图标 ◇。

（3）命令行：输入"pyratnid"命令后按 Enter 键。

激活命令后，命令行提示：

> 4 个侧面外切
> 指定底面的中心点或 [边(E)/侧面(S)]：
> 指定底面半径或 [内接（I）]：
> 指定高度或 [两点（2P）/轴端点（A）/顶面半径（T）]：

八、任务实施

1. 设置绘图环境

设置绘图环境前面已经介绍，这里不再赘述。

2. 调用工具栏

调出"UCS""视图""建模"和"实体编辑"工具栏。

单击"视图"工具栏中的"西南等轴测"按钮，切换到西南等轴测视图，从而将二维模式转换为三维模式。

3. 绘制图形

（1）绘制底板长方体。

单击"绘图"→"建模"→"长方体"图标，创建长方体，其长、宽、高分别为 40 mm、30 mm、10 mm，如图 9-28 所示。

命令：_box	//启动"长方体"命令
指定第一个角点或 [中心（C）]：	//任意指定一点为底板的角点
指定其他角点或 [立方体（C）/长度（L）]：@40，30	//指定长方体的另一个角点
指定高度或 [两点（2P）]：<-3.0000>：10✓	//输入长方体的高度

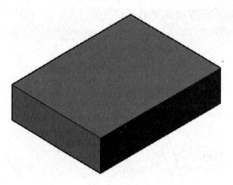

图 9-28　创建长方体

（2）确定 4 个孔的中心点。

绘制长方体上表面长度方向的中线和宽度方向的中线，如图 9-29（a）所示。

将长度方向的中线分别左右偏移 10 mm，宽度方向的中线前后偏移 9 mm，得到的交点 3、4、5、6 即为 4 个孔的中心，如图 9-29（b）所示。

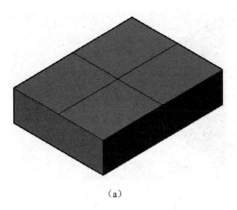
（a）

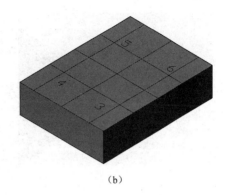
（b）

图 9-29　确定孔的中心点

（3）绘制圆柱体。

单击"绘图"→"建模"→"圆柱体"图标▢，分别以 3、4、5、6 为中心，绘制直径为 8 mm、深度为-10 mm（上正下负）的 4 个圆柱体，如图 9-30 所示。

（4）执行布尔运算。利用"差集"命令，进行差集运算，获得结果如图 9-31 所示。

执行"修改"→"实体编辑"→"差集"命令，命令行提示：

> 命令：_subtract 选择要从中减去的实体或面域...
> 选择对象：找到 1 个　　　　　　　　　　　　 //单击长方体
> 选择对象：　　　　　　　　　　　　　　　　 //按 Enter 键或右击确认
> 选择要减去的实体或面域...
> 选择对象：找到 4 个　　　　　　　　　　　　 //单击要减去的 4 个圆柱体
> 选择对象：　　　　　　　　　　　　　　　　 //按 Enter 键或右击确认

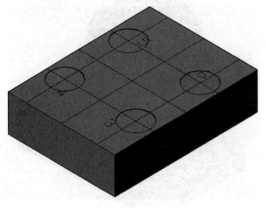

图 9-30　绘制 4 个圆柱体

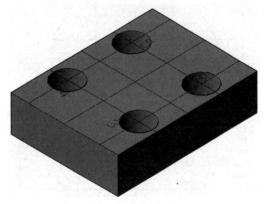

图 9-31　"差集"运算后

4. 保存图形文件

最终完成图如图 9-32 所示。

在 AutoCAD 文件中单击"保存"按钮，即可保存图形文件。

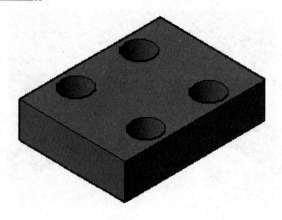

图 9-32 完成图

任务二 绘制组合实体模型

绘制如图 9-33 所示的轴承座, 通过本例学习由 "二维平面" 创建 "三维实体" 的命令 (拉伸、旋转、扫掠、放样)。

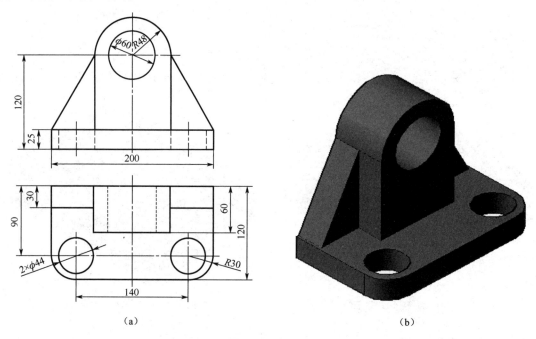

（a） （b）

图 9-33 轴承座

一、由二维图形创建三维实体的方法

1. "拉伸"命令

"拉伸"命令是指通过拉伸二维图形创建实体。指定的拉伸对象可以是平面、封闭多段线、多边形、圆、椭圆、封闭样条曲线、圆环和面域等。

激活命令的方法如下。

（1）菜单栏：执行"绘图"→"建模"→"拉伸"命令。

（2）"建模"工具栏：单击"拉伸"图标 。

（3）命令行：输入"extrude"或"ext"命令后按 Enter 键。

激活命令后，命令行提示：

```
命令：_extrude
当前线框密度：  ISOLINES=4        //系统提示
选择要拉伸的对象：找到 1 个        //选择要拉伸的对象，系统提示选择对象的个数
选择要拉伸的对象：               //按 Enter 键或右击确认
指定拉伸的高度或［方向（D）/路径（P）/倾斜角（T）］：//指定拉伸的高度，按 Enter 键
删除定义对象？［是（Y）/否（N）］<是>：          //是否删除源对象
```

各选项功能如下。

（1）指定拉伸的高度：如果输入正值，将沿着对象所在的坐标系的 Z 轴正方向拉伸对象；如果输入负值，将沿着对象所在的坐标系的 Z 轴负方向拉伸对象。

（2）方向（D）：通过指定的两点确定拉伸的长度和方向。

（3）路径（P）：选择基于指定曲线对象的拉伸路径将对象进行拉伸。

（4）倾斜角（T）：输入正值表示从基准对象逐渐变细地拉伸，而输入负值则表示从基准对象逐渐变粗地拉伸。

沿路径拉伸的效果如图 9-34 所示。按倾斜角度拉伸的效果如图 9-35 所示。

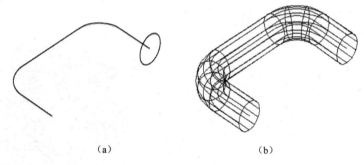

(a)　　　　　　　　　　　　　　　　(b)

图 9-34　沿路径拉伸的效果

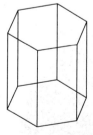　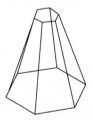　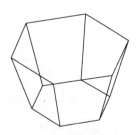

（a）拉伸角度为 0°　　　　（b）拉伸角度为 30°　　　　（c）拉伸角度为-30°

图 9-35　按倾斜角度拉伸的效果

2."旋转"命令

"旋转"命令是指通过旋转二维图形创建实体。旋转对象可以是闭合多段线、多边形、圆、椭圆、闭合样条曲线、圆环或面域，并且一次只能旋转一个对象。旋转体由一个封闭的对象沿旋转轴旋转后形成。

激活命令的方法如下。

（1）菜单栏：执行"绘图"→"建模"→"旋转"命令。

（2）"建模"工具栏：单击"旋转"图标 📦 。

（3）命令行：输入"REVOLVE"命令后按 Enter 键。

激活命令后，命令行提示：

```
命令：-revolve
当前线框密度：SOLINES = 4
选择要旋转的对象：                //选择要旋转的对象，系统提示选择对象的个数
选择要旋转的对象：                //按 Enter 键或右击确认
指定轴起点或根据以下选项之一定义轴[对象(O)/X/Y/Z]<对象>：   //指定旋转轴起点
指定轴端点：                     //指定旋转轴端点
指定旋转角度或[起点角度(ST)](360)： //指定旋转角度或按 Enter 键选择默认角度
```

各选项功能如下。

（1）对象（O）：表示选择现有的对象作为旋转轴。

（2）X/Y/Z：表示使用当前 UCS 的 X、Y、Z 轴作为旋转轴。

（3）起点角度（ST）：表示旋转时的起点角度数值。

"旋转"效果示例如图 9-36 所示。

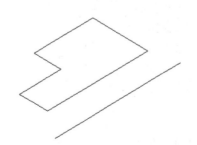

（a）旋转对象为闭合多段线

（b）旋转对象为面域

图 9-36 "旋转"效果示例

3．"扫掠"命令

"扫掠"命令是指通过沿路径扫掠二维曲线来创建三维实体或曲面。

激活命令的方法如下。

（1）菜单栏：执行"绘图"→"建模"→"扫掠"命令。

（2）"建模"工具栏：单击"扫掠"图标 $\boxed{\text{⌘}}$。

（3）命令行：输入"SWEEP"命令后按 Enter 键。

激活命令后，命令行提示：

> 命令：_sweep
>
> 当前线框密度：　　　　　ISOLINES=4　　　//系统提示
>
> 选择要扫掠的对象：　　　　　　//选择要扫掠的对象，系统提示选择对象的个数
>
> 选择要扫掠的对象：　　　　　　//按 Enter 键或右击确认
>
> 选择扫掠路径或［对齐（A）/基点（B）/比例（S）/扭曲（T）]：　//选择扫掠路径

各选项功能如下。

（1）对齐（A）：指定是否对齐轮廓，可使其作为扫掠路径切向的法方向，在默认情况下，轮廓是对齐的。

（2）基点（B）：指定要扫掠的基点。如果指定的点不在选定对象所在的平面上，则该点将被投影到该平面上。

（3）比例（S）：指定比例因子以进行扫掠操作。从扫掠路径的开始到结束，比例因子将统一应用到扫掠的对象。

（4）扭曲（T）：用于设置正被扫掠对象的扭曲角度。

"扫掠"效果示例如图 9-37 所示。

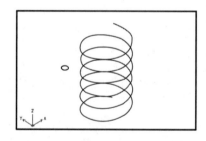 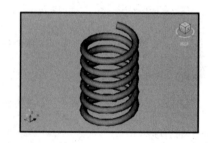

图 9-37　"扫掠"效果示例

4．"放样"命令

"放样"命令是指通过对包含两条或两条以上横截面曲线的一组曲线进行放样（绘制实体或曲面）来创建三维实体或曲面。

激活命令的方法如下。

（1）菜单栏：执行"绘图"→"建模"→"放样"命令。

（2）"建模"工具栏：单击"放样"图标 $\boxed{\text{⬮}}$。

（3）命令行：输入"LOFT"命令后按 Enter 键。

激活命令后，命令行提示：

> 命令：_loft
>
> 按放样次序选择横截面：　　　　　//选择要放样的截面

按放样次序选择横截面：　　　　　　　//按 Enter 键结束对象的选择

输入选项　[导向(G)/路径(P)/仅横截面(C)]　<仅横截面>：

　　　　　　　　　　　　　　//输入 p，按 Enter 键，选择"路径"选项

"放样"效果示例如图 9-38 所示。

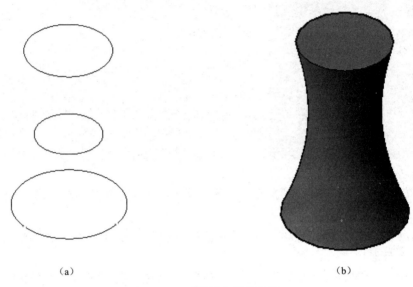

（a）　　　　　　　　　　　　　　　　　（b）

图 9-38　"放样"效果示例

二、任务实施

1．设置绘图环境

设置绘图环境前面已经介绍，这里不再赘述。

2．绘制工具

调出"UCS""视图""建模"和"实体编辑"工具栏。

3．绘制图形

单击"视图"工具栏中的"俯视"图标，切换到二维模式。

（1）绘制底板。

① 绘制底板俯视图。设置"实体"图层为当前图层，绘制长为 200 mm，宽为 120 mm 的长方形，并将其倒两个半径为 30 mm 的圆角。然后定位，绘制两个 44 mm 的圆，如图 9-39 所示。

② 将长方形转化为面域。执行"面域"命令，将长方形转化为面域，如图 9-40 所示。

③ 将二维实体转化为三维视图。将长方形和两个圆分别拉伸 25 mm，形成 1 个带圆角的长方体底板和 2 个圆柱。单击"视图"工具栏中的"西南等轴测"图标，切换到三维视图，如图 9-41 所示。

④ 从底板中减去内圆柱。执行"修改"→"实体编辑"→"差集"命令，命令行提示：

命令：_subtract 选择要从中减去的实体或面域...

选择对象：找到 1 个　　　　　　　　　　　　//单击长方体

选择对象：　　　　　　　　　　　　　　　　//按 Enter 键或右击确认

选择要减去的实体或面域...

选择对象：找到 2 个　　　　　　　　　　　　//单击要减去的两个圆柱体

选择对象：　　　　　　　　　　　　　　　　//按 Enter 键或右击确认

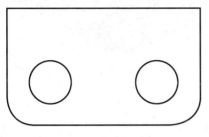

图 9-39　绘制底板俯视图

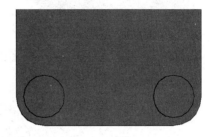

图 9-40　长方形转化为面域

底板中减去内圆柱效果如图 9-42 所示。

图 9-41　将底板俯视图转化为三维模型

图 9-42　底板中减去内圆柱

（2）绘制立板。

① 新建 UCS 坐标系。指定长方体的左上角点为原点，左下角点为 X 轴正向，右上角点为 Y 轴正向，新建 UCS 坐标系。

② 绘制立板截面图，并拉伸截面成实体。设置"截面"为当前图层，利用"多段线"命令，绘制立板的后表面，如图 9-43（a）所示。

设置"实体"为当前图层，利用"拉伸"命令，拉伸截面为厚 60 mm 的实体，如图 9-43（b）所示。

执行"修改"→"实体编辑"→"差集"命令，从立板中减去内圆柱，如图 9-43（c）所示。

（3）绘制肋板。

① 设置"截面"为当前图层，利用"多段线"命令，绘制两个肋板的后截面，如图 9-44（a）所示。

(a) 绘制立板的后表面

(b) 拉伸截面

(c) 立板中减去内圆柱

图 9-43　绘制立板

② 设置"实体"为当前图层，利用"拉伸"命令，拉伸截面为厚度 30 mm 的实体，如图 9-44（b）所示。

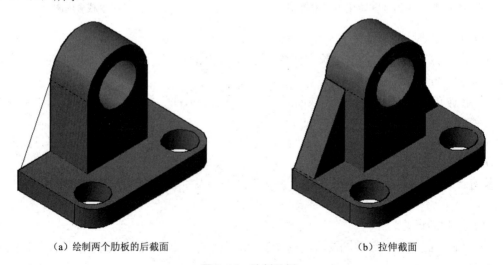

(a) 绘制两个肋板的后截面

(b) 拉伸截面

图 9-44　绘制肋板

③ 合并底板、立板和两个肋板。执行"修改"→"实体编辑"→"并集"命令，命令行提示：

命令：-union   //启动"并集"命令
选择对象：指定对角点：找到 4 个   //选择底板、立板和两个肋板
选择对象：✓   //按 Enter 键，结束选择

合并后的轴承座效果如图 9-45 所示。

图 9-45　合并后的轴承座

4．保存图形文件

在 AutoCAD 文件中单击"保存"按钮，即可保存图形文件。

任务三　绘制组合体三维实体

本例介绍如图 9-46 所示三维实体的绘制及编辑方法和步骤，通过本例学习三维实体的基本编辑（"三维镜像""三维旋转""三维阵列""三维对齐"）命令。另外介绍"剖切""圆角""倒角"。

一、"三维实体"操作

1．"三维阵列"命令

"三维阵列（3darray）"命令用于在三维空间中对实体进行矩形或环形阵列。用户创建好一个实体，按一定的顺序在三维空间中排列，能极大地减少工作量。使用"三维阵列"命令，除了指定列数（X 方向）和行数（Y 方向）外，还要指定层数（Z 方向）。

激活命令的方法如下。

（1）菜单栏：执行"修改"→"三维操作"→"三维阵列"命令。

（2）命令行：输入"3darray"或"3a"命令后按 Enter 键。

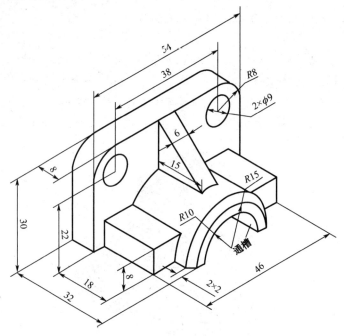

图 9-46　三维实体的创建与编辑

激活命令后，命令行提示：

命令：_3darray

正在初始化...　已加载 3DARRAY

选择对象：找到 1 个　　　　　　　//选择对象，系统提示选择对象的个数

选择对象：　　　　　　　　　　　//按 Enter 键或右击确认

输入阵列类型［矩形（R）/环形（P）］＜矩形＞：p　　　//输入阵列类型为环形

输入阵列中的项目数目：6　　　　　//输入环形阵列中的项目数目为 4

指定要填充的角度（+=逆时针,-=顺时针）＜360＞：360　　//指定要填充的角度，系统默认 360°

旋转阵列对象？［是（Y）/否（N）］＜Y＞：//是否旋转阵列对象

指定阵列的中心点：　　　　　　　//指定环形阵列的中心点

指定旋转轴上的第二点：　　//指定环形阵列旋转轴上的第二点

"环形陈列"效果和"矩形陈列"效果如图 9-47 和图 9-48 所示。

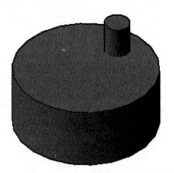

（a）阵列前

（b）阵列后

图 9-47　"环形阵列"效果

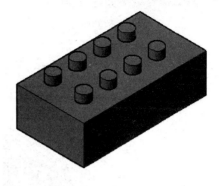

（a）阵列前　　　　　　　　　　　　　　　　　　　（b）阵列后

图 9-48　"矩形阵列"效果

如果用户选择"矩形（R）"选项，则将创建一个三维矩形阵列，系统将分别提示用户指定阵列在 X，Y 和 Z 轴方向的数目和间距，也就是要求用户可根据提示依次指定矩形阵列的行数、列数、层数、行间距、列间距和层间距，命令行提示：

```
命令：_3darray
选择对象：找到 1 个                               //选择对象，系统提示选择对象的个数
选择对象：                                      //按 Enter 键或右击确认
输入阵列类型［矩形（R）/环形（P）］<矩形>：r        //输入阵列类型为矩形
输入行数（－－－）<1>：                          //输入矩形阵列行数
输入列数（|||）<1>：                            //输入矩形阵列列数
输入层数（...）<1>：                            //输入矩形阵列层数
指定行间距（－－－）：                           //输入矩形阵列行间距
指定列间距（|||）：                             //输入矩形阵列列间距
指定层间距（···）：                             //输入矩形阵列层间距
```

2．"三维镜像"命令

"三维镜像 mirror3d"命令用于创建对象相对于某一平面的镜像操作。

激活命令的方法如下。

（1）菜单栏：执行"修改"→"三维操作"→"三维镜像"命令。

（2）命令行：输入"mirror3d"命令后按 Enter 键。

激活命令后，命令行提示：

```
命令：_mirror3d
选择对象：找到 1 个                               //选择对象，系统提示选择对象的个数
选择对象：                                      //按 Enter 键或右击确认
指定镜像平面（三点）的第一个点或［对象（O）/最近的（L）/Z 轴（Z）/视图（V）/XY 平面
（XY）/YZ 平面（YZ）/ZX 平面（ZX）/三点（3）］<三点>：   //指定镜像平面的第一个点
在镜像平面上指定第二点：                          //指定镜像平面的第二个点
在镜像平面上指定第三点：                          //指定镜像平面的第三个点
是否删除源对象？［是（Y）/否（N）］<否>：           //按 Enter 键
```

"三维镜像"效果如图 9-49 所示。

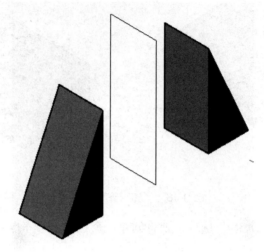

图 9-49　"三维镜像"效果

3．"三维旋转"命令

"三维旋转 3drotate"命令用于使对象在三维空间中绕某一轴旋转，其旋转效果如图 9-50 所示。

激活命令的方法如下。

（1）菜单栏：执行"修改"→"三维操作"→"三维旋转"命令。

（2）"建模"工具栏：单击"三维旋转"图标 ⊕。

（3）命令行：输入"3drotate"或"3r"命令后按 Enter 键。

激活命令后，命令行提示：

```
命令：_3drotate
UCS 当前的正角方向：ANGDIR=逆时针  ANGBASE=0
选择对象：找到 1 个              //选择对象，系统提示选择对象的个数
选择对象：                       //按 Enter 键或右击确认
指定基点：                       //指定旋转所围绕的基点
拾取旋转轴：                     //选择旋转轴
指定角的起点或键入角度：          //指定旋转的起点或旋转角度
正在重生成模型
```

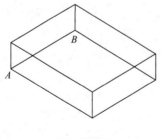

（a）旋转前

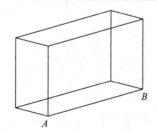

（b）旋转后

图 9-50　"三维旋转"效果

4."剖切"命令

"剖切"命令可以通过指定剖切平面对三维实体进行剖切，并删除指定部分，从而创建新的实体，其效果如图 9-51 所示。

（a）剖切前

（b）剖切后

图 9-51 "剖切"效果

激活命令的方法如下。

（1）菜单栏：执行"修改"→"三维操作"→"剖切"命令。

（2）工具栏：单击"三维制作"→"剖切"图标 （要使用该图标，必须在 AutoCAD "三维建模"的典型界面下，单击"三维制作"控制台左侧的下拉按钮 将其展开）。

（3）命令行：输入"SLICE"命令后按 Enter 键。

激活命令后，命令行提示：

```
命令：_slice
选择要剖切的对象：找到 1 个    //选择对象，系统提示选择对象的个数
选择要剖切的对象：            //按 Enter 键或右击确认
指定切面的起点或 [平面对象（O）/曲面（S）/Z 轴（Z）/视图（V）/XY（XY）/YZ（YZ）/ZX
（ZX）/三点（3）] <三点>：     //用三点法或其他方法确定剖切面
指定平面上的第二个点：        //指定与平面上的第二个点
在所需的侧面上指定点或 [保留两个侧面（B）] <保留两个侧面>：
                            //指定要保留的一侧
```

5."三维对齐"命令

在三维绘图中，使用"三维对齐"命令可以指定至多 3 个点以定义源平面，然后指定至多 3 个点以定义目标平面，将源平面对齐到目标平面上。

激活命令的方法如下。

（1）菜单栏：执行"修改"→"三维操作"→"三维对齐"命令。

（2）工具栏：单击"建模"→"三维对齐"图标 。

（3）命令行：输入"3DALIGN"或"3A"命令后按 Enter 键。

激活命令后，命令行提示：

命令: -3dalign	//启动命令
选择对象:	//选择小长方体
找到一个:	//系统提示
选择对象: ✓	//结束选择
指定源平面和方向...	//系统提示
指定基点或[复制（C）]:	//选择小长方体上 1 点
指定第二个点或[继续（C）]<C>:	//选择小长方体上 2 点
指定第三个点或[继续（C）]<C>:	//选择小长方体上 3 点
指定目标平面和方向...	//系统提示
指定第一个目标点:	//选择大长方体上 1 点
指定第二个目标点或[退出（X）]<X>:	//选择大长方体上 2 点
指定第二个目标点或[退出（X）]<X>:	//选择大长方体上 3 点

"三维对齐"效果如图 9-52 所示。

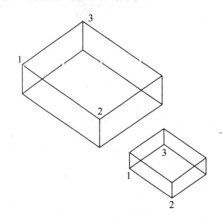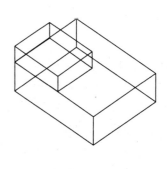

图 9-52　"三维对齐"效果

6. "圆角""倒角"命令

三维实体"圆角""倒角"命令，可以直接选择。

二、任务实施

1. 设置绘图环境

设置绘图环境前面已经介绍，这里不再赘述。

2. 绘制过程

（1）调用"长方体"命令，创建长方体，如图 9-53 所示。

（2）调用"圆角"命令，倒圆角，如图 9-54 所示图形。

执行"修改"→"圆角"命令，命令行提示：

命令: -fillet	//启动"圆角"命令
当前设置: 模式=修剪，半径=0.0000	//系统提示
选择第一个对象或[放弃（U）/多线段（P）/半径（R）/修剪（T）多个（M）]:	

输入圆角半径：8	//选择如图 9-53 所示的边 A
选择边或[链（C）/半径（R）]：	//输入圆角半径
选择边或[链（C）/半径（R）]：✓	//选择如图 9-53 所示的边 B
已选定 2 个边用于圆角	//按 Enter 键确认
	//系统提示

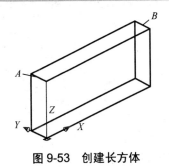

图 9-53　创建长方体

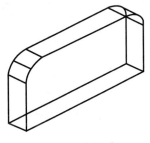

图 9-54　倒圆角

（3）调用"圆柱体"命令，创建左侧圆柱体，调用"三维镜像"命令，镜像右侧圆柱体，与图 9-54 的长方体做差集，图形效果如图 9-55 所示。

操作过程：

在菜单栏执行"修改"→"三维操作"→"三维镜像"命令，命令行提示：

命令：-mirror3d	//启动"三维镜像"命令
选择对象：找到一个	//选择左侧圆柱体
选择对象：✓	//结束选择
指定镜像平面（三点）的第一个点或［对象（O）/最近的（L）/Z 轴（Z）/视图（V）/XY 平面（XY）/YZ 平面（YZ）/ZX 平面（ZX）/三点（3）］<三点>：	//选择长方体对称面上的点 1
在镜像平面上指定第二点：	//选择长方体对称面上的点 2
在镜像平面上指定第三点：	//选择长方体对称面上的点 3
是否删除源对象？［是（Y）/否（N）］<否>：✓	//按 Enter 键

（4）绘制 R 为 15mm 的半圆并创建为面域，调用"拉伸"命令，创建半圆柱，效果如图 9-56 所示。

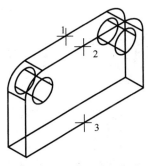

图 9-55　创建圆柱孔

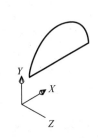

图 9-56　创建半圆柱

（5）调用"长方体"命令，创建长方体，效果如图 9-57 所示。

（6）调用"并集"命令，合并以上创建的 3 个形体，效果如图 9-58 所示。

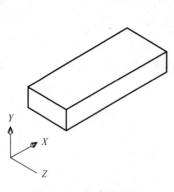

图 9-57　创建长方体

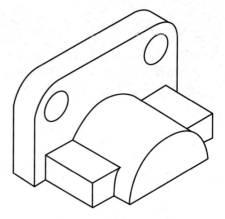

图 9-58　合并 3 个实体

（7）调用"圆柱体"命令，创建圆柱体，效果如图 9-59 所示。

（8）调用"差集"命令，挖出半圆柱孔，效果如图 9-60 所示。

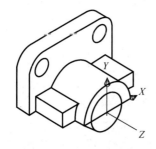

图 9-59　创建圆柱体

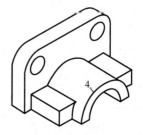

图 9-60　差集运算

（9）倒角。调用"倒角"命令，倒角后图形效果如图 9-61 所示。

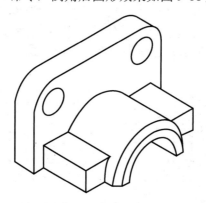

图 9-61　倒角后图形

执行"修改"→"倒角"命令，命令行提示：

> 命令：-chamfer　　　　　　　　　　　　　　　//启动"倒角"命令
> （"修剪"模式）当前倒角距离 1 = 0.0000
> 距离 2 = 0.0000　　　　　　　　　　　　　　//系统提示
> 选择第一条直线或[放弃（U）多线段（P）/距离（D）/角度（A）/修剪（T）/方式（E）/
> 多个（M）]：　　　　　　　　　　　　　　　//选择图 9-59 所示的边 4

基面选择... // 系统提示
输入曲面选择选项[下一个（N）当前（OK）]<当前（OK）>：✓ // 按 Enter 键确认
指定基面的倒角距离<1.0000 >：2✓ // 输入倒角距离
指定其他曲面的倒角距离<2.0000 >：✓ // 按 Enter 键确认
选择边或[环（L）]： // 选择图 9-59 所示的边 4

（10）创建肋板。

① 在距偏移挖孔后的长方形的中心为 3mm 的位置画一封闭的三角形 A，并创建面域，如图 9-62 所示。

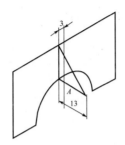

图 9-62 创建封闭图形

② 调用"拉伸"命令，将创建的面域拉伸为宽度为 6mm 的实体，如图 9-63 所示。

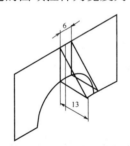

图 9-63 拉伸后的实体

（11）将肋板与图 9-61 所示对象做合并，完成三维实体图。

3. 保存图形文件

在 AutoCAD 文件中单击"保存"按钮，即可保存图形文件。

项目十
图形的输入与打印输出

 知识目标

1. 了解模型空间与图纸空间的作用。
2. 掌握在模型空间中打印图纸的设置。
3. 掌握在图纸空间通过布局进行打印设置的方法。

技能目标

1. 具备在模型空间中打印出图的能力。
2. 具备在图纸空间中打印出图的能力。

任务 在模型空间和图纸空间中打印出图

图 10-1 所示为齿轮轴图样，将其分别在模型空间和图纸空间中打印出图。

通过本例学习"图形的输入与输出""视口""模型空间输出""图纸空间输出""发布""网上发布"命令。

一、图形的输入、输出与 Internet 功能

为提高软件的通用性，更好地发挥各自的优势，AutoCAD 2010 提供了图形输入与输出接口。不仅可以将其他应用程序中处理好的数据传送给 AutoCAD，还能将 AutoCAD 绘制好的图形打印出来，并把它们的信息传送给其他应用程序。此外，为适应互联网的快速发展，实现快速有效地共享设计信息，AutoCAD 2010 强化了 Internet 功能，可以创建 Web 格式的

文件（DWF），以及发布 AutoCAD 图形文件到 Web 页，使其与互联网相关的操作更加方便、高效。

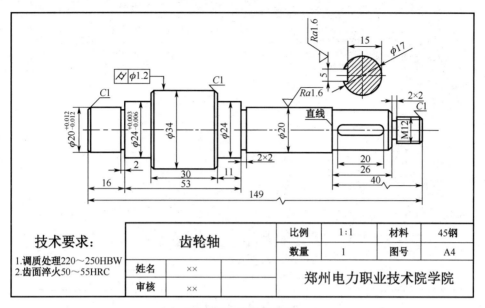

图 10-1　齿轮轴图样

AutoCAD 2010 的图形格式一般可以通过执行"文件"→"输入"命令（图 10-2），打开"输入文件"对话框，如图 10-3 所示，在"文件类型"下拉列表框中可以选择合适的文件输入类型进行输入。

图 10-2　"文件"菜单

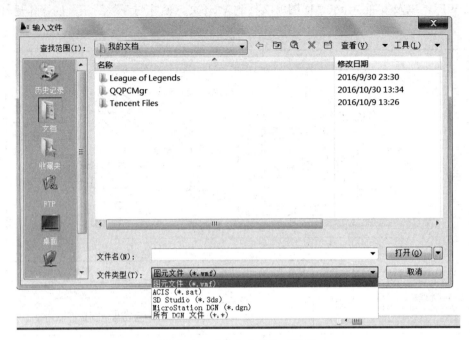

图 10-3　"输入文件"对话框

执行"文件"→"输出"命令，打开"输出数据"对话框，如图 10-4 所示。在"文件类型"下拉列表框中可以选择各种文件类型，根据要求选择合适的文件输出。

图 10-4　"输出数据"对话框

二、视口命令

1. 概述

视口是 AutoCAD 绘图区用于绘制、显示图形的一个区域。默认情况下，AutoCAD 把整个绘图区域作为一个单一的视口。用户可以根据需要在绘图区域创建多个视口，使每个视口显示不同的图形或不同视图。各个视口既可以独立地进行缩放和平移，也能够同步地进行图形的绘制，即对一个视口中图形的修改可以在别的视口中体现出来。通过单击不同的视口区域可以在不同视口之间进行切换。

2. 激活命令的方法

（1）菜单栏：执行"视图"→"视口"→"新建视口"命令或执行"视图"→"视口"→"命名视口"命令。

（2）"视口"工具栏：单击"视口"图标。

（3）命令行：输入"vports"命令后按 Enter 键。

激活命令后，打开"视口"对话框，如图 10-5 所示。在该对话框中，对不同选项进行设置，然后单击"确定"按钮。

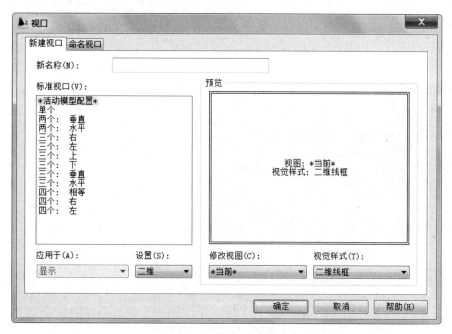

图 10-5 "视口"对话框

3. 有关说明及提示

（1）"标准视口"列表框：选择系统预定义的标准视口配置，并能够在"预览"选项区观察选定的视口配置及每个视口的缺省视图。

（2）"应用于"下拉列表框：选择模型空间视口配置的应用范围。

（3）"设置"下拉列表框：可以选择二维或三维。

（4）"修改视图"下拉列表框：为选定的视口选择视图，并在"预览"选项区域观察视图。

（5）"视觉样式"下拉列表框：为指定的视口选择视觉样式。

三、模型空间输出

1. 模型空间概述

AutoCAD 2010 提供了两个工作空间，分别是模型空间和图纸空间。模型空间类似于实际生活中的三维世界，绝大部分的绘图工作都在模型空间中完成的。在模型空间中，可以不受限制地按照物体的实际尺寸绘制图形，并可以对一个空间物体从不同角度去观察和构造，根据需求用多个二维或三维视图来表示物体。

2. 模型空间的设置

要执行模型空间的打印预览，首先要进行页面设置，确定打印设备。单击"文件"→"页面设置管理器"图标，打开"页面设置管理器"对话框，如图 10-6 所示。单击"新建"按钮，打开"新建页面设置"对话框，如图 10-7 所示。在该对话框中创建新的页面设置，单击"确定"按钮，打开"页面设置-模型"对话框，如图 10-8 所示。在该对话框中，设置打印机和图幅大小等，然后单击"预览"按钮，即可预览要打印的图形效果。如果对预览结果满意，单击"确定"按钮，返回"页面设置管理器"对话框，单击"关闭"按钮。

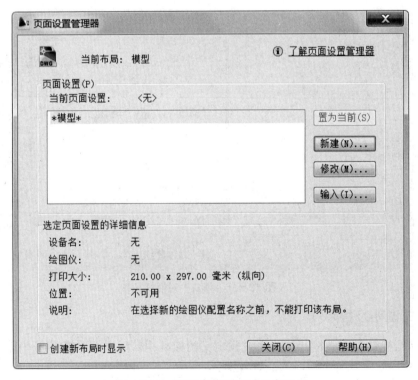

图 10-6 "页面设置管理器"对话框

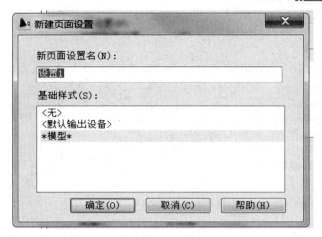

图 10-7 "新建页面设置"对话框

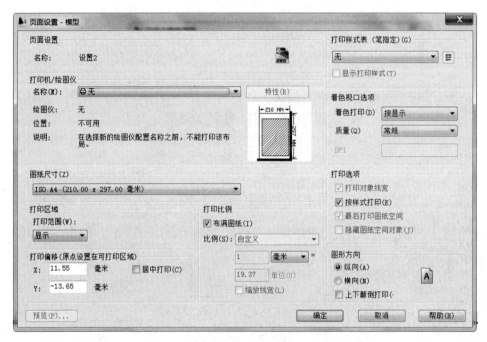

图 10-8 "页面设置-模型"对话框

3．模型空间图形的输入

（1）打开"打印-模型"对话框。

在模型空间中，执行"文件"→"打印"命令或单击"标准"工具栏中的"打印"图标 ，打开"打印-模型"对话框，如图 10-9 所示。

（2）展开"打印-模型"对话框。

单击"打印-模型"对话框右下角的 按钮，展开"打印-模型"对话框，如图 10-10 所示。

（3）选择打印机。

在"打印机/绘图仪"选项区域的"名称"下拉列表框中选择"打印机"，可以选择计算上已经安装的打印机，也可以选择系统提供的虚拟电子打印机"DWF6 ePlot.pc3"。

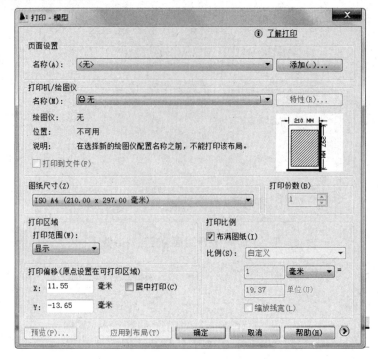

图 10-9　"打印-模型"对话框

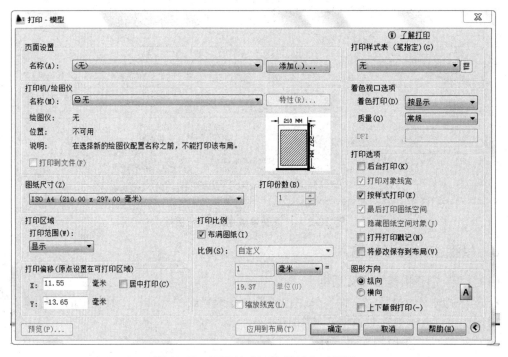

图 10-10　展开的"打印-模型"对话框

（4）选择图纸尺寸。

在"图纸尺寸"下拉列表框中选择所需的图纸类型。

4．有关说明及提示

（1）图形界限：打印"模型"，将打印栅格界线所定义的整个绘图区域。

（2）显示：显示"模型"，打印当前视口中的视图。

（3）窗口：打印图形中指定的区域。

四、图纸空间输出

1．图纸空间概述

图纸空间可以看作是由一张图纸构成的平面，且该平面与绘图屏幕平行，可以对绘制好的图形进行编辑、排列及标注，给图纸添加图框、标题栏或进行必要的文字、尺寸标注的添加等，然后打印出图。在图纸空间可以设置视口，来展示模型不同部分的视图，每个视口都可以独立编辑，对视图进行标注或文字注释，按合适的比例在图纸空间中表示出来，还可以定义图纸的大小。只需要单击绘图区下方的"模型"或"布局 1"按钮，如图 10-11 所示，即可切换模型空间与图形空间。

图 10-11　模型空间与图纸空间的按钮

2．图纸空间的设置

（1）布局的创建。

单击"工具"→"向导"→"创建布局"图标，打开"创建布局-开始"对话框，如图 10-12 所示。在该对话框中，单击"下一步"按钮，可以依次指定打印机、图纸尺寸、图形打印方向、选择布局中使用的标题栏或确定视口设置等。最后单击"完成"按钮，完成布局的创建。

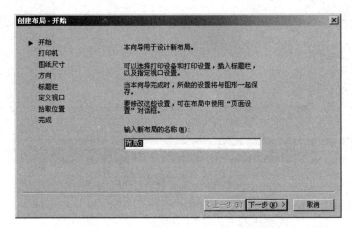

图 10-12　"创建布局-开始"对话框

（2）布局的管理。

右击"布局 1"，弹出布局快捷菜单，如图 10-13 所示，可以删除、新建、重命名、移动或复制布局。

新建布局(N)
来自样板(T)...
删除(D)
重命名(R)
移动或复制(M)...
选择所有布局(A)

激活前一个布局(L)
激活模型选项卡(C)

页面设置管理器(G)...

打印(P)...

将布局作为图纸输入(I)...

将布局输出到模型(X)...

隐藏布局和模型选项卡

图 10-13　右击"布局 1"弹出的快捷菜单

（3）布局的页面设置。

单击"布局 1"按钮，打开如图 10-14 所示的工作界面，右击"布局 1"，在弹出的快捷菜单中选择"页面设置管理器"命令，打开"页面设置管理器"对话框，如图 10-15 所示。单击"新建"按钮，打开"新建页面设置"对话框，如图 10-16 所示。在该对话框中，可以创建新的布局。

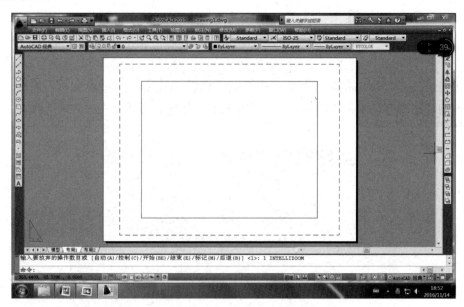

图 10-14　"布局 1"界面

3．图纸空间图形的输出

设置好布局后，单击"标准"工具栏上的"打印"图标，打开"打印-布局 1"对话框，如图 10-17 所示。在该对话框中设置好打印机、页面设置、图纸尺寸等参数，然后单击"确定"按钮，打开"浏览打印文件"对话框，单击"保存"按钮，生成打印文件。

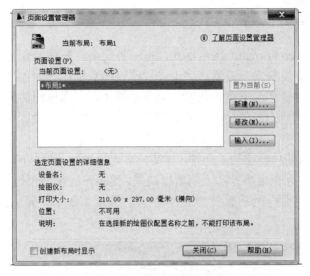

图 10-15　布局的"页面设置管理器"对话框

图 10-16　"新建页面设置"对话框

图 10-17　"打印-布局 1"对话框

五、发布 DWF 文件

DWF（Drawing Web Format）图形格式，是一种安全、开放的图形格式，它可以将丰富的设计数据高效率地分发给需要查看、评审或打印这些数据的任何人。DWF 文件高度压缩，因此比设计文件更小，传递起来更加快速，无须一般 CAD 图形相关的额外开销，而且设计数据的发布者可以按照他们希望接收方所看到的那样选择特定的设计数据和打印样式，并可以将多个 DWG 源文件中的多页图形集发布到单个 DWF 文件中。

以往一些 CAD 软件只能够简单地输出 DWF 格式的文件，但是因为没有经过打印发布，所以输出的 DWF 文件存在很多打印上的数据缺失，更不可能很方便地在网络上与他人共享。

发布 DWF 文件的命令为：执行"文件"→"发布"命令，弹出的"发布"对话框如图 10-18 所示。

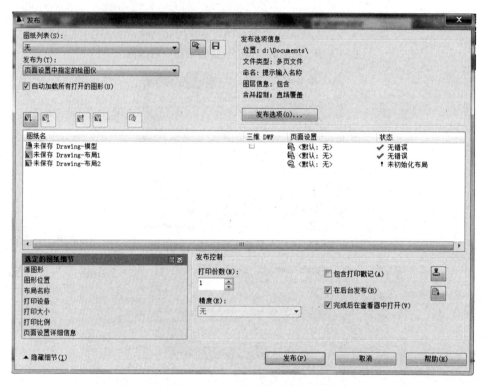

图 10-18 "发布"对话框

六、网上发布图形

AutoCAD 已成为计算机辅助设计的得力工具，但是信息时代对 CAD 提出了更高的要求，共享和协作成了当务之急。经过分析 CAD 文件格式的特点，使用 DWF 格式实现了图形的网上发布。

在 AutoCAD 2010 中，选择"文件"→"网上发布"命令，或者单击"标准"工具栏中的"网上发布"按钮，则弹出"网上发布"对话框，如图 10-19 所示。即使不熟悉 HTML 代码，也可以方便、迅速地创建格式化 Web 页，该 Web 页包含有 AutoCAD 图形的 DWF、PNG 或 JPEG 等模式图像。一旦创建了 Web 页，就可以将其发布到 Internet。

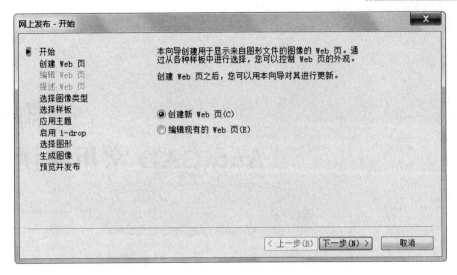

图 10-19 "网上发布"对话框

七、任务实施

（1）打开"打印-模型"对话框。单击"文件"→"打印"按钮，打开"打印-模型"对话框。

（2）选择打印机。在"打印-模型"对话框中，单击"打印机/绘图仪"选项区域的"名称"下拉列表框，选择"DWF6 ePlot.pc3"选项。

（3）选择图纸。在"图纸尺寸"选项区域，选择图纸尺寸为"ISO A4 （297.00×210.00毫米)"。

（4）在"打印比例"选项区域，选中"布满图纸"复选框；在"打印偏移"选项区域，选中"居中打印"复选框。

（5）在"打印区域"的"打印范围"下拉列表框中选择"窗口"选项，在绘图区选择图框对角点。

（6）单击"预览"按钮，显示打印预览。

（7）如果对预览结果满意，按 Enter 键确认，关闭预览窗口，返回"打印-模型"对话框。

（8）单击"确定"按钮，打开"浏览打印文件"对话框，选择文件的保存路径，生成打印文件。

（9）打印文件生成后，在 AutoCAD 2010 屏幕右下角显示"完成打印和作业发布"。

附录 A
AutoCAD 常用快捷命令

快 捷 键	执 行 命 令	命 令 说 明
PO	POINT	点
L	LINE	直线
XL	XLINE	射线
PL	PLINE	多段线
ML	MLINE	多线
SPL	SPLINE	样条曲线
POL	POLYGON	正多边形
REC	RECTANGLE	矩形
C	CIRCLE	圆
A	ARC	圆弧
DO	DONUT	圆环
EL	ELLIPSE	椭圆
REG	REGION	面域
MT	MTEXT	多行文本
T	MTEXT	多行文本
B	BLOCK	块定义
I	INSERT	插入块
W	WBLOCK	定义块文件
DIV	DIVIDE	等分
H	BHATCH	填充
CO	COPY	复制
MI	MIRROR	镜像
AR	ARRAY	阵列
O	OFFSET	偏移
RO	ROTATE	旋转

快 捷 键	执 行 命 令	命 令 说 明
M	MOVE	移动
E	ERASE	删除
X	EXPLODE	分解
TR	TRIM	修剪
EX	EXTEND	延伸
S	STRETCH	拉伸
LEN	LENGTHEN	直线拉长
SC	SCALE	比例缩放
BR	BREAK	打断
CHA	CHAMFER	倒角
F	FILLET	倒圆角
PE	PEDIT	多段线编辑
ED	DDEDIT	修改文本
P	PAN	平移
Z+空格+空格		实时缩放
Z		局部放大
Z+P		返回上一视图
Z+E		显示全图
DLI	DIMLINEAR	直线标注
DAL	DIMALIGNED	对齐标注
DRA	DIMRADIUS	半径标注
DDI	DIMDIAMETER	直径标注
DAN	DIMANGULAR	角度标注
DCE	DIMCENTER	中心标注
DOR	DIMORDINATE	点标注
TOL	TOLERANCE	标注形位公差
LE	QLEADER	快速引出标注
DBA	DIMBASELINE	基线标注
DCO	DIMCONTINUE	连续标注
D	DIMSTYLE	标注样式
DED	DIMEDIT	编辑标注
DOV	DIMOVERRIDE	替换标注系统变量

附录 B
AutoCAD 常用快捷键

Ctrl+1	PROPERTIES	修改特性
Ctrl+2	ADCENTER	设计中心
Ctrl+O	OPEN	打开文件
Ctrl+N	NEW	新建文件
Ctrl+P	PRINT	打印文件
Ctrl+S	SAVE	保存文件
Ctrl+Z	UNDO	放弃
Ctrl+X	CUTCLIP	剪切
Ctrl+C	COPYCLIP	复制
Ctrl+V	PASTECLIP	粘贴
Ctrl+B	SNAP	栅格捕捉
Ctrl+F	OSNAP	对象捕捉
Ctrl+G	GRID	栅格
Ctrl+L	ORTHO	正交
Ctrl+W		对象追踪
Ctrl+U		极轴
F1	HELP	帮助
F2		文本窗口
F3	OSNAP	对象捕捉
F4		数字化仪控制
F5		等轴测平面切换
F6		控制状态行上坐标的显示方式
F7	GRIP	栅格
F8	ORTHO	正交
F9		栅格捕捉模式控制
F10		极轴模式控制
F11		对象追踪模式控制
F12		切换"动态输入"

参 考 文 献

[1] 王灵珠. AutoCAD 2008 机械制图实用教程[M]. 北京：机械工业出版社，2012.

[2] 武永鑫. AutoCAD 2008 机械制图实训教程[M]. 北京：北京邮电大学出版社，2012.

[3] 温够萍. AutoCAD 2010 实用教程[M]. 北京：北京理工大学出版社，2016.

[4] 华顺刚，王磊，曾令宜. AutoCAD 2010 中文版应用教程[M]. 北京：电子工业出版社，2012.

[5] 郭建华，陈毅培. AutoCAD 2008（中文版）实用教程[M]. 北京：北京理工大学出版社，2009.

[6] 刘德成，李慧. AutoCAD 实用教程[M]. 北京：北京邮电大学出版社，2012.

[7] 朱向丽. AutoCAD 2010 绘图技能实用教程[M]. 北京：机械工业出版社，2012.

反侵权盗版声明

电子工业出版社依法对本作品享有专有出版权。任何未经权利人书面许可，复制、销售或通过信息网络传播本作品的行为；歪曲、篡改、剽窃本作品的行为，均违反《中华人民共和国著作权法》，其行为人应承担相应的民事责任和行政责任，构成犯罪的，将被依法追究刑事责任。

为了维护市场秩序，保护权利人的合法权益，我社将依法查处和打击侵权盗版的单位和个人。欢迎社会各界人士积极举报侵权盗版行为，本社将奖励举报有功人员，并保证举报人的信息不被泄露。

举报电话：（010）88254396；（010）88258888

传　　真：（010）88254397

E-mail： dbqq@phei.com.cn

通信地址：北京市万寿路 173 信箱

　　　　　电子工业出版社总编办公室

邮　　编：100036